如何生成复杂图案

钱晓帆　著

北京工业大学出版社

图书在版编目（CIP）数据

如何生成复杂图案 / 钱晓帆著． — 北京 ：北京工业大学出版社，2019.9（2021.5 重印）
ISBN 978-7-5639-6946-3

Ⅰ．①如… Ⅱ．①钱… Ⅲ．①程序设计 Ⅳ．①TP311.1

中国版本图书馆 CIP 数据核字（2019）第 185228 号

如何生成复杂图案

著　　者： 钱晓帆
责任编辑： 刘连景
封面设计： 点墨轩阁
出版发行： 北京工业大学出版社
（北京市朝阳区平乐园 100 号　邮编：100124）
010-67391722（传真）　bgdcbs@sina.com
经销单位： 全国各地新华书店
承印单位： 三河市明华印务有限公司
开　　本： 710 毫米 ×1000 毫米　1/16
印　　张： 5.75
字　　数： 115 千字
版　　次： 2019 年 9 月第 1 版
印　　次： 2021 年 5 月第 2 次印刷
标准书号： ISBN 978-7-5639-6946-3
定　　价： 52.00 元

前　言

生成艺术是指一种艺术实践，在该实践中，艺术家应用计算机程序、一系列自然语言规则、一个机器或其他发明物，产生出一个具有一定自控性的过程，该过程的直接或间接结果是一个完整的艺术品。生成艺术是从艺术品的创作活动中衍生出来的概念，它强调创作过程应该由机器或计算机自动执行，执行的规则用数学或程序指令定义。

生成艺术用于图案设计的历史可以追溯到远古时期。从仰韶文化的陶器纹样中，就可发现回旋、对称、重复、镶嵌的规则，颇似埃舍尔的版画。在国外，具有悠久历史的伊斯兰建筑和手工艺发展出许多精密的几何图案。近现代生成艺术的特征是在创作过程中有意加入随机因素。就像舒伯特用骰子决定16段小乐曲的演奏顺序，由此创作了《米奴哀小步舞曲》。最近的一个例子是克拉里·赖斯（Klari Reis）用血液和颜料在培养皿中培养细菌，生成了瑰丽的图像。20世纪八九十年代，计算机科学蓬勃发展，出现了柏林（Perlin）噪声、粒子系统、细胞自动机、遗传算法等技术，很多科学家都参与到这些实践当中。进化论生物学家道金斯用Basic语言编写了名为“生物形态王国”的软件，该软件用直线代表细胞，以此来模拟生物发育的过程，并由此生成了意想不到的形状。他又将一些变量设为基因型，模拟遗传和变异，在虚拟世界中繁衍出更多形态。卡尔·西姆斯（Karl Sims）也做了进化实验，他为虚拟物种设定基因型、表现型，令它们在计算机中繁衍，用户凭喜好对子代进行选择，由此演化出了形态美妙的虚拟植物。

21世纪，随着计算机的普及，产生了更多易学易用的图案生成工具，我们更多地会选择使用Processing。意大利米兰理工大学的斯蒂诺·索杜（Celestino Soddu）教授在第一届生成艺术大会上说：“如果说计算机曾一度泯灭了创造力，那么在生成艺术的帮助下，人们能创造出和谐的代码，并利用这些代码在科学和艺术之间开辟一个新的创作空间。”希望我们能走进这个空间。

基于此，本书共七章，对如何生成复杂图案这一问题进行深入探讨。其中，第一章主要阐述如何通过万花尺来生成图案，包括轨道、滚轮和小孔，点的运动轨迹等九项具体内容；第二章讲述的是拉线生成复杂图案的具体方法，包括万花尺简化、沿直线定位、正多边形框架、拉线、双环拉线几方面；第三章介绍随机拼接法的具体操作技巧，内容包括平移重复、多款样式、半圈拼布、图案收边、正则镶嵌和半正则镶嵌等；第四章讲述的是噪声偏移技术在复杂图案生成中的运用，具体从连续区间中的随机样式、围绕基准的随机数、返回颜色的噪声、返回位置的噪声这四方面展开论述；第五章是从圆和直线、谢尔宾斯基三角形和谢尔宾斯基地毯、归纳和衍生、隐藏亲代、漫步者的足迹、子女各不同这几点入手，对分形和递归技术进行深入分析；第六章重点介绍了细胞自动机，并对细胞定位、设定及翻转细胞状态等问题进行详细阐述；第七章以进化技术为核心内容，并对绘制基准图案、宽度变化、枝干分岔、定义基因、遗传和选择及演化法的扩展这几个具体方面进行分点论述。

笔者在撰写本书的过程中，也曾遇到诸多问题和困难，为了解决这些问题，笔者请教了多位专家学者，并从他们那里获得了诸多支持和帮助，在此表示真诚的感谢。此外，笔者还参考了大量的相关理论研究成果，力图使本书的结构更为严谨，内容更为全面，逻辑更为清晰。然而限于笔者的写作水平，书中难免会有疏漏之处，恳请广大读者能够对本书进行批评指正。

目 录

第一章　万花尺

万花尺是一套绘图工具，它包括一个环形齿轮和一个轮状齿轮，轮状齿轮上开一个小孔。作图时，在这对齿轮上各选一颗轮齿，对准咬合。然后保持环形齿轮固定，把笔尖插进小孔，让轮状齿轮沿着环形齿轮的轨道行进。小孔的运动轨迹，就形成了我们想要的图形。在第一章中，我们用虚拟万花尺工具作图。

第一节　轨道、滚轮和小孔

物理万花尺工具的特点是轮齿能够咬合。在计算机中，表现为轨道和滚轮相切，并且每一步运动之后，切点在轨道上走过的弧长与滚轮转过的弧长相等。

我们可以设定一个很小的数，表示这个相等的步长，然后以它为单位，设计轨道和滚轮一周的步数。

```
floating step = 5;
int nWheel = 100, nRing = 300;
```

轨道和滚轮的周长可以表示为步长与步数之积。有了周长，就可以根据圆的周长公式求出轨道和滚轮的半径。

```
float cRing = step * nRing;
float cWheel = step * nWheel;
float rWheel = step*nWheel/TWO_PI;
float rRing = step*nRing/TWO_PI;
```

现在我们想画出轨道和滚轮来。

首先，把画布原点移动到窗口中心。Processing 默认的方向角度是 3 点钟方向，我们让切点的初始位置也在轨道这个方向。如图 1-1 所示，滚轮的圆心位置坐标是（rRing-rWheel，0）。

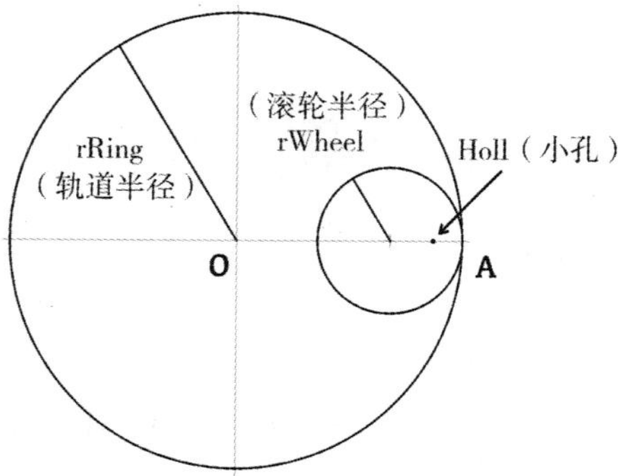

图 1-1　轨道、滚轮和小孔的初始位置

```
ellipse (0, 0, rRing*2, rRing*2);
float xWheel = rRing-rWheel;
float yWheel = 0;
ellipse (xWheel, yWheel, rWheel*2, rWheel*2);
```

滚轮上有小孔，我们用 dHoll 表示小孔到滚轮圆心的距离。因为万花尺曲线是闭合的，无论小孔相对于滚轮圆心的初始方向是什么，最终图形都一样。所以我们让它也在 0° 方向上，此时小孔的坐标是（rRing-rWheel+dHoll，0)。

```
float xHoll = rRing-rWheel+dHoll;
float yHoll = 0;
ellipse (xHoll, yHoll, 3, 3);
point (xHoll, yHoll);
```

现在，我们画出了轨道、滚轮、小孔和第一个点。

第二节　点的运动轨迹

现在我们有了绘图工具——轨道和带孔滚轮，并且把它们固定在了起点位置。接下来需要让滚轮运动，由此更新开孔位置。

如图 1-2 所示，经过一段时间，滚轮从 O_1 运动到了 O_2。如果用 αRing 表示它在轨道上转过的角度，则 O_2 的坐标可以表示为：

xWheel = (rRing-rWheel) * cos (αRing);

yWheel = (rRing-rWheel) * sin (αRing);

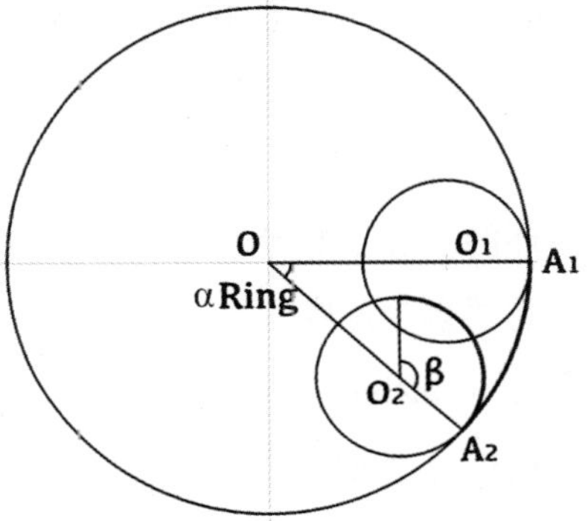

图 1-2　滚轮到达新位置

我们知道，弧度的定义是弧长与半径之比。如果两段圆弧的弧长相等，则它们的弧度与半径成反比。由此可以求出 β（beta）。

float beta = αRing * nRing/nWheel;

圆心到小孔的距离不变，变化的是方向。这个方向变化可以理解为先顺时针转过 αRing，再逆时针转过 β 度。

float αWheel = αRing - beta;

至此，求出小孔的新坐标如下：

xHoll = xWheel + dHoll * (cos(αWheel));

yHoll = yWheel + dHoll * (sin(αWheel));

小孔的位置是由一系列 αRing 计算出来的。已知切点的步长是 step，根据弧长公式，可以求出 αRing 的增量。把 αRing 的更新写入 draw 函数。运行程序，得到小孔的运动轨迹。

stepRing = TWO_PI/nRing.

αRing += stepRing;

删除或隐藏轨道和滚轮，得到代码 Ch1_2。

第三节　立刻显示结果

在程序 Ch1_1 中，我们可以试着修改步长单位 step、轨道周长 nRing 滚轮周长 nWheel、开孔位置 dHoll，然后观察不同参数生成的图形。只是每次修改之后，要耐心等待程序运行。我们希望能马上看见结果。

为了实现这个目标，让“更新”和“绘图”的指令反复执行。它们最好被嵌套在一个循环里，而循环的次数正好等于完成这一图形所需的步数。

完成一个万花尺图形需要多少步呢？

显然，这个步数不能小于 nRing，否则滚轮不能回到起点。而且，它应该是 nRing 的整数倍，只有这样才能刚好和起点对接。同时，当它回到起点时，小孔的位置应该和起点时一致。这意味着滚轮自己也正好转过整数倍的圆周。由此可知，这个步数是 nRing 和 nWheel 的最小公倍数。

Processing 没有现成的函数可以求最小公倍数。我们只好写一个自定义函数。考虑先求出最大公约数，然后用两数乘积去除以最大公约数，来获得最小公倍数。

```
int findGCD (int a, int b) {
 while (a != b) {
  if (a>b) a -= b;
  else b -= a;
 }
 return a;
}
```

这里出现了 5 个变量：nRing、nWheel、gcd、nPetal、xPetal。这 5 个变量，在数学上满足如下关系：

（1）GCD 是 nRing 和 nWheel 的最大公约数；

（2）nPetal = nRing / GCD；

（3）xPetal = nWheel / GCD；

（4）nPetal 与 xPetal 互质。

反映在图形上，nPetal 是花形方位点数量，xPetal 表示滚轮沿着轨道转了多少圈（如图 1-3 所示）。

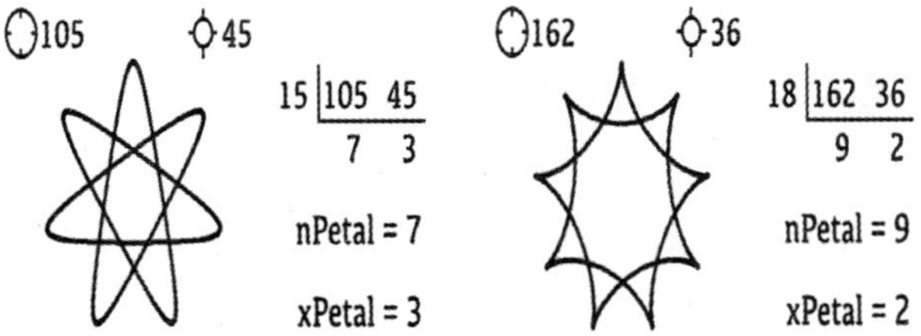

图 1-3　万花尺图形的参数

我们先求出 xPetal，当 αRing 达到圆周角的 xPetal 倍时，停止绘图。

```
int xPetal = nWheel/findGCD(nRing, nWheel);
for (float αRing=0; αRing<TWO_PI*xPetal; αRing+=stepRing) {
  float xWheel = (rRing-rWheel)*cos(αRing);
  float yWheel = (rRing-rWheel)*sin(αRing);
  float xHoll = xWheel + dHoll*cos(αRing-nRing*αRing/nWheel);
  float yHoll = yWheel + dHoll*sin(αRing-nRing*αRing/nWheel);
  point (xHoll, yHoll);
}
```

第四节　整理代码

变量越来越多，程序也开始变长，这时候就需要整理代码了。我们把变量分为三类：设计参数、中间变量和动态变量。

设计参数决定了生成什么样的图形，主要有 4 个参数：step 是周长的单位，决定轨迹疏密，nRing 是轨道周长，nWheel 是轮子周长，dHoll 是开孔位置。

中间变量是由设计参数决定的，可以由设计参数计算出来，为它们创建变量名，只是为了理解方便，主要有轨道半径 rRing、滚轮半径 rWheel、每一步在轨道上转过的角度 stepRing、方位点数量 nPetal 和我们刚才求出的 xPetal。中间变量可以在初始化 setup( ) 函数中赋值，方法就是把设计参数带入算式。

动态变量随着点的运动更新。更新从轨道角度 αRing 增加 stepRing 开始，由 αRing 求出轮子的圆心坐标（xWheel，yWheel），最终求出小孔坐标（xHoll，yHoll）。

整理后的流程如下：

（1）创建定义，设计参数的变量。

```
float step = 1;
int nWheel = 400, nRing = 1250;
float dHoll = 40;
```

（2）创建中间变量。

```
int nPetal, xPetal;
float rWheel, rRing, stepRing;
```

（3）在 setup( ) 函数中，为中间变量赋值。

```
rWheel = step*nWheel/TWO_PI;
rRing = step*nRing/TWO_PI;
stepRing = TWO_PI/nRing;
nPetal = nRing/findGCD (nRing, nWheel);
xPetal = nWheel/findGCD (nRing, nWheel);
```

（4）在 draw( ) 函数中，创建动态变量，赋初始值并更新。

（5）在 draw( ) 函数中，使用动态变量绘图。

```
float αRing = 0;
while (αRing<TWO_PI*xPetal) {
    αRing += stepRing;
    float xWheel=(rRing-rWheel)*cos(αRing);
    float yWheel=(rRing-rWheel)*sin(αRing);
    float xHoll=xWheel+dHoll*cos(αRing-nRing*αRing/nWheel);
    float yHoll=yWheel+dHoll*sin(αRing-nRing*αRing/nWheel);
    point (xHoll, yHoll);
}
```

运行程序 Ch1_3，我们看到了一朵动态的花。

第五节　浮点变量映射光标位置

在程序 Ch1_3 中，我们可以修改头部的设计参数，看看生成结果有哪些变化。然而每次都要到代码中修改，还是觉得不够便捷。要是程序能在同一次运行中根据用户的输入产生相应变化就更好了。

在物理万花尺上，开孔的位置 dHoll 可以在从 0 到 rWheel 之间取任意值。这种可以连续变化的参数，我们用浮点型变量来储存它的值。在简易的图形生成器界面中，浮点变量适合响应鼠标输入。我们让 dHoll 映射光标位置的 x 坐标。

```
dHoll = map (mouseX, 0, width, 0, rWheel);
```

除了开孔位置，还有一个连续变量对生成结果有影响，就是起点方向。在最初版本中，我们出于方便，从 0° 方向开始绘图。实际上，从 12 点钟方向开始才更符合人们的视觉习惯。因此，我们在移动画布原点之后，对画布做一次旋转。

```
translate (width/2, height/2);
rotate (-HALF_PI);
```

起点方向看起来可以在 0~2PI 变化。实际上，因为万花尺图形是旋转对称图形，它绕中心旋转过一定角度之后，能与旋转前的图形重合。一个不重复的变化周期对应的角度就是相邻方位点之间的角度。万花尺图形的方位点数量是 nPetal，这个角度就是圆周角的 nPetal 等分。

```
start = map (mouseY, 0, height, 0, TWO_PI/nPetal);
rotate (start);
```

运行程序 Ch1_4，我们看到了一朵动态的花。

第六节　整数变量响应键盘输入

分析万花尺的设计参数，有两个整数型变量（轨道和轮子的步数）。整型变量适合响应键盘输入，我们先考虑用方向键调整这两个变量：上下键增减轨道长度，左右键增减滚轮周长。为了方便检查操作结果，增加一句控制台输出语句。

```
void keyPressed() {
 if (key == CODED) {
  if (keyCode == UP) nRing ++;
  else if (keyCode == DOWN) nRing --;
  else if (keyCode == LEFT) nWheel --;
  else if (keyCode == RIGHT) nWheel ++;
 }
   println ( "nRing=" +nRing+"  nWheel=" +nWheel);
}
```

这样我们就可以在运行时调整轨道和齿轮的尺寸了。很快我们会发现，如果要对尺寸进行大跨度的改变，使用方向键就太不方便了。因此，我们希望能够直接输入目标数字。

把交互流程设计成这样：用户输入一个数，然后按下 W 键或者 R 键。如果按下的是 W 键，这个数就为 nWheel 赋值；如果敲下的是 R 键，这个数就为 nRing 赋值。为了实现这个目标，我们先写一个测试程序（此处省略 setup 函数和 draw 函数）。

```
int rRing, rWheel;
int temp;
void keyPressed() {
 if (key>47 && key<58) {
  temp = temp*10 + key-48;
 } else if (key == 'w') {
  rWheel = temp;
  temp = 0;
 } else if (key == 'r') {
  rRing = temp;
  temp = 0;
 }
```

```
println ( "number=" +number+" temp=" +temp);
}
```

它是如何做到的？当用户从键盘按下一个数字时，计算机得到的是一个字符，这个字符在 ASCII 码表上对应的数字比键盘上显示的数字大 48。计算机对它进行减 48 的操作，让它成为用户想要的数字。然后，用这个数字给一个名为 temp 的整数型变量赋值。此时 temp 保存的数是一个一位数。假如用户想输入一个两位数，他会先输入十位上的数字，再输入个位上的数字。因此刚才那个数字是在十位上的，新输入的才是个位数。计算机把 temp 的数值乘以 10，再加上新输入的数，所得的和正是用户想要输入的两位数。如果此时用户按下第三个数字，计算机就重复刚才的操作：把 temp 中的数值（两位数）乘以 10，加上新输入的数。以此类推。直到用户按下字母键 W 或 R。计算机把 temp 的值赋予相应的变量，同时清空 temp。

我们把这段代码复制进上一个版本的万花尺程序，得到 Ch1_5。现在我们就可以比较方便地画一个全新的万花尺图形了。

第七节　多个花型重叠

下一步，我们希望有多个花型重叠显示。为了保存每一朵花的参数，我们为花型创建一个类。与一朵花相关的变量都属于它的值域。

```
float step = 1;
int nRing, nWheel;
float dHoll, start;
int nPetal, xPetal, gcd;
float rRing, rWheel, stepRing;
```

设计参数在构建函数 constructor 中赋值，中间变量也随之赋值。

```
Spiro (int nrin, int nwin, float dhin, float stin) {
  nRing = nrin;
  nWheel = nwin;
  dHoll = dhin;
```

```
    start = stin;
    rWheel = step*nWheel/TWO_PI;
    rRing = step*nRing/TWO_PI;
    stepRing = TWO_PI/nRing;
    gcd = findGCD (nRing, nWheel);
    nPetal = nRing/gcd;
    xPetal = nWheel/gcd;
  }
```

显示函数中用到了旋转画布的函数 rotate( )。为了不影响其他花型的方向，我们用 popMatrix( ) 语句将角度清零。

```
  void display() {
    pushMatrix();
    rotate (start);
    float aRing = 0;
    while (aRing<TWO_PI*xPetal) {
      aRing+=stepRing;
      float xWheel=(rRing-rWheel)*cos(aRing);
      float yWheel=(rRing-rWheel)*sin(aRing);
      float xHoll=xWheel+dHoll*cos(aRing-aRing*nRing/nWheel);
      float yHoll=yWheel+dHoll*sin(aRing-aRing*nRing/nWheel);
      point (xHoll, yHoll);
    }
   popMatrix();
  }
```

接下来编写主程序。首先创建一个对象，用来保存正在编辑的花。

```
Spiro the;
```

我们要对花 the 进行编辑。这朵花的属性 nRing 和 nWheel 响应数字键输入。nRing 和 nWheel 更新之后，中间变量需要跟进更新。为此，我们在类中添加了一个 findNX( ) 函数为中间变量赋值。

```
void findNX() {
  rWheel = step*nWheel/TWO_PI;
  rRing = step*nRing/TWO_PI;
  stepRing = TWO_PI/nRing;
  gcd = findGCD (nRing, nWheel);
  nPetal = nRing/gcd;
  xPetal = nWheel/gcd;
}
```

这一次，我们用方向键控制花的尺寸，它由这两个变量决定：gcd 和 step。更新 gcd 之后，nRing 和 nWheel 要随之更新，为此我们在类中又添加了一个 findRW 函数。

```
void findRW() {
  nRing = gcd*nPetal;
  nWheel = gcd*xPetal;
  findNX();
}
```

这朵花的属性 dHoll、start 响应鼠标输入。当有许多花型叠加显示时，有时我们希望一组花有统一的方向，有时我们希望一组花有统一的形状（见图 1-4、图 1-5）。

图 1-4　方向相同的一组花型

图 1-5　形状相同的一组花型

因此我们设计了 3 种响应模式：锁定 dHoll 编辑 start；锁定 start 编辑 dHoll；同时编辑 start 和 dHoll。启动哪种模式取决于整数型变量 mode 的值。按下空格键在不同模式间切换。

现在主程序如下：

```
Spiro the;
int temp, mode;
void setup() {
  size (500, 500);
  the = new Spiro (960, 420, 50, 0);
}
void draw() {
  background (0);
  translate (width/2, height/2);
  rotate (-HALF_PI);
 if (mode == 0 || mode == 1) the.dHoll = map (mouseX, 0, width, 0, the.rWheel);
 if (mode == 0 || mode == 2) the.start = map (mouseY, 0, height, 0, TWO_PI/the.
nPetal);
  the.display();
}
void keyPressed() {
  if (key == 'w' || key == 'r') {
    if (key == 'w') the.nWheel = temp;
    else if (key == 'r') the.nRing = temp;
    temp = 0;
    the.findNX();
  } else if (key>47 && key<58) temp = temp*10 + key-48;
  else if (key == CODED) {
    if (keyCode == UP) the.gcd++;
    else if (keyCode == DOWN) the.gcd--;
```

```
    else if (keyCode == LEFT) the.step -= 0.1;
    else if (keyCode == RIGHT) the.step += 0.1;
    the.findRW();
  } else if (key == ' ') mode = (mode+1)%3;
}
```

我们把交互流程设计成这样：完成一朵花的编辑后单击鼠标确认，这朵花就被定格成单击前的样式，同时产生一朵新的、能响应编辑的花。当所有的花型都已确认，按下 Q 键隐藏花 the；按下 S 键保存画面；按下 C 键清零所有花型。

在主程序中，创建一个组对象，用于保存已经确认的花，再申明一个整数变量，用来记录已保存花的数量。

```
int num = 50;
Spiro[] spiro = new Spiros[num];
int no = 0;
```

在 draw() 函数中，显示所有的花。

```
 for (int i=0; i<no; i++) spiros[i].display();
```

当按下鼠标时，使用花 the 的属性创建数组中的第 no 朵花。

```
void mousePressed() {
  if (no<spiros.length) {
    spiros[no] = new Spiro (the.nRing, the.nWheel, the.dHoll, the.start);
    no++;
  } else text ("too many spiros!", width/3, height+20);
}
```

最后，在 keyPressed 函数中加入存屏、隐藏、清零的指令。存屏的函数是 saveFrame( )。有多种方法可以隐藏花 the，在这里介绍一种：创建一个布尔变量 hide，仅当它为假时，才显示花 the。按下 Q 键时，它就变真，按下 C 键时，它就恢复为假。清零的办法是给 no 赋值为 0。完成的程序见 Ch2_1_6。

第八节　舒展轨道

下面我们改写程序Ch1_4，用PVector类型的变量来表示滚轮和小孔的位置。我们把滚轮圆心的运动轨迹设为中间变量 oWheel，在初始化中赋值。

```
PVector[] oWheel = new PVector[nRing];
float αRing = 0;
for (int i=0; i<nRing; i++) {
αRing += stepRing;
float x = (rRing-rWheel)*cos(αRing);
float y = (rRing-rWheel)*sin(αRing);
oWheel[i] = new PVector (x, y);
}
```

小孔相对于滚轮圆心的位置 vHoll 的初始值由 dHoll 决定。

```
PVector vHoll = new PVector (dHoll, 0);
```

滚轮每步转过的角度可以表示为

```
stepRing = TWO_PI/nRing;
stepWheel = stepRing-stepRing*nRing/nWheel;
```

滚轮的圆心位置每前进一步，矢量 vHoll 旋转一个角度。如图 1-6 所示，小孔的绝对位置可以表示为 oWheel 和 vHoll 的矢量和。

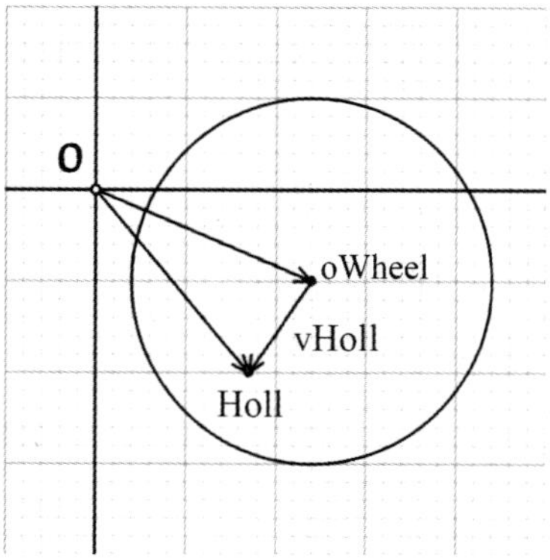

$$\overrightarrow{\text{Holl}} = \overrightarrow{\text{oWheel}} + \overrightarrow{\text{vHoll}}$$

图 1-6　用矢量加法求小孔位置

```
for (int i=0; i<nRing*xPetal; i++) {
  vHoll.rotate (stepWheel);
  PVector holl=PVector.add(oWheel[i%oWheel.length], vHoll);
  point (holl.x, holl.y);
}
```

在齿轮万花尺中，滚轮可以在圆形轨道内侧运动，也可以在圆形轨道外侧运动，如图 1-7 所示，滚轮在圆形轨道外侧运动时，圆心轨迹是以轨道圆心为圆心、以轨道半径与滚轮半径之和为半径的圆形；滚轮每次转过的角度，也比在轨道内侧时要大一些，见程序 Ch1_12。

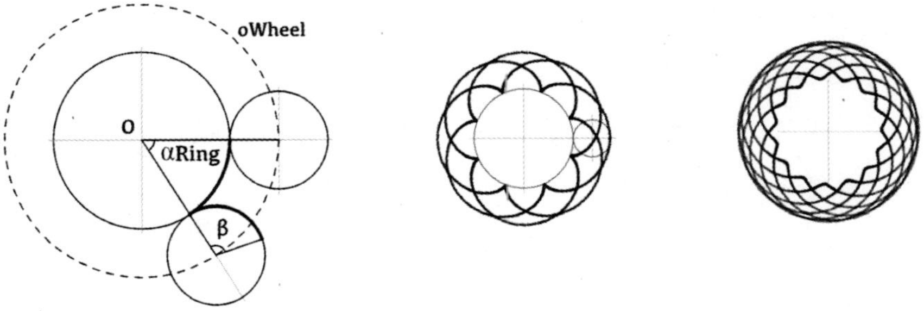

图 1-7　轮在圆形轨道外侧运动和它形成的图案

```
float αRing = 0;
for (int i=0; i<nRing*xPetal; i++) {
αRing += stepRing;
//float x = (rRing-rWheel)*cos(αRing);
//float y = (rRing-rWheel)*sin(αRing);
float x = (rRing+rWheel)*cos(αRing);
float y = (rRing+rWheel)*sin(αRing);
oWheel[i] = new PVector (x, y);
}
//stepWheel = stepRing-stepRing*nRing/nWheel;
 stepWheel = stepRing+stepRing*nRing/nWheel;
```

滚轮还可以沿着直线滚动。在直线轨道上前进一步之后，滚轮圆心移动的矢量step,就是相邻切点的矢量差。滚轮转过的角度等于轨道步长除以滚轮半径。

```
oWheel[i] = PVector.add (oWheel[i-1], step);
stepWheel = step/rWheel;
```

直线要与弧线衔接才能围合。操场形的轨道有两个设计参数——直线长度和半圆跑道上的步数，我们分别设它们是 nR1 和 nR2。那么整条轨道的长度就是

```
int nR = nR1+nR2+nR1+nR2;
```

滚轮圆心轨迹可以分为 4 段，每段各有公式。我们根据这些公式绘制出圆心的轨迹，在 setup 中，用 point() 函数检查，确认无误之后再进行下一步。下一步是求滚轮每步转过的角度，它在直线和弧线上也是不同的，因此在绘制小孔轨迹的循环中，也要分段求坐标。

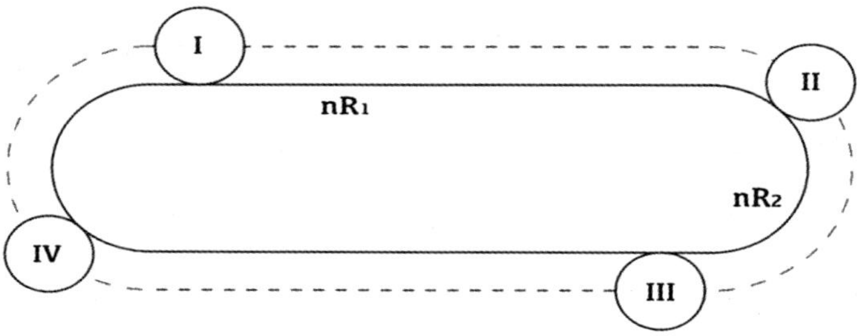

Ⅰ
oWheel.x=step × i
oWheel.y=-rR2-rWheel
stepWheel=step/rWheel

Ⅱ
x=step*nR1+（rR2+rWheel）*cos（（i-nR1）*step/rR2-0.5 π）
y=（rR2+rWheel）*sin（（i-nR1）*step/rR2-0.5 π）
stepWheel=stepR2+stepR2*nR2*2/nWheel

Ⅲ
x=step*nR1-（i-nR1-nR2）*step
y=rR2+rWheel
stepWheel=step/rWheel

Ⅳ
x=（rR2+rWheel）*cos（（i-nR1-nR2-nR1）*step/rR2+0.5 π）
y=（rR2+rWheel）*sin（（i-nR1-nR2-nR1）*step/rR2+0.5 π）
stepWheel=stepR2+stepR2*nR2*2/nWheel

图 1-8　操场形轨道的分段公式

直线和圆弧、圆弧和圆弧衔接，可以连接成各种轨道形状，如“8”字形。在设计轨道形状时，需要注意，无论是直线还是弧线，轨道上所有分段的长度都是步长 step 的整数倍。

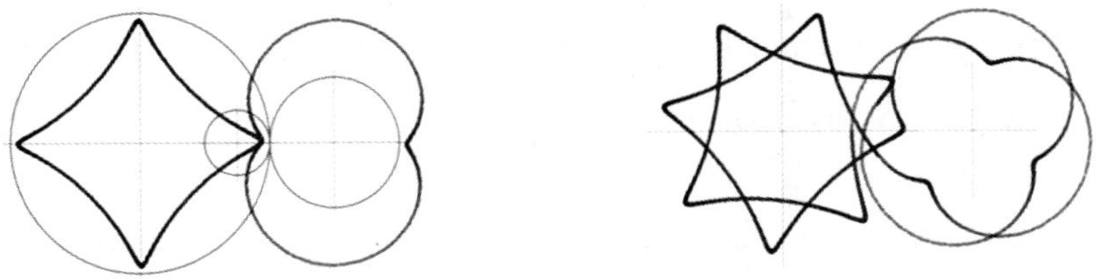

图 1-9　“8”字形轨道生成的图案

第九节　异形滚轮

滚轮也可以有各种形状。非圆形的滚轮有时不能和轨道咬合，不能滚动时就会翻转。翻转的支点是滚轮和轨道的接触点。翻转之后，滚轮有两个角落在轨道上下次翻转的支点是前进方向上的角（见图 1-10）。

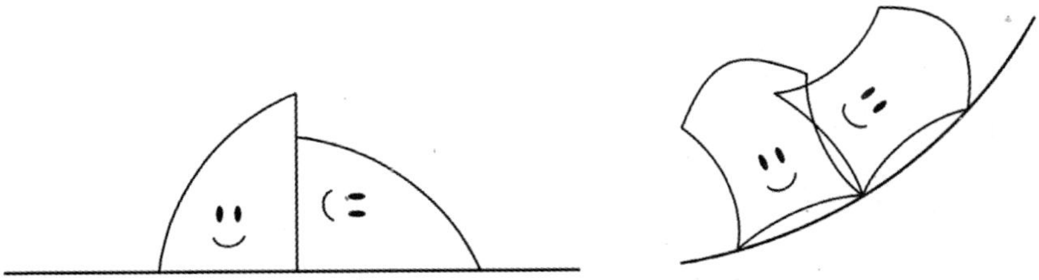

图 1-10　滚轮的翻转运动

下面我们制作一个在正多边形滚轮在圆形轨道上运动形成的万花尺图形。

滚轮由边长和边的数量决定。为了确保相邻两角正好落在圆形轨道的卡槽里，我们将两角之间的卡槽数量设为整数型设计参数 nGap，边长可由它决定。先设定轨道，把轨道上的所有卡槽储存到点数组 pR 中。轨道的设定可参考拉线万花尺的程序。

```
int nR = 100;
float rR = 200;
```

```
PVector[] pR = new PVector[nR];
float αRing = 0;
for (int i=0; i<nR; i++) {
  αRing += TWO_PI/nR;
  pR[i] = new PVector (rR*cos(αRing), rR*sin(αRing));
  point (pR[i].x, pR[i].y);
}
```

确认轨道无误之后，我们来画出滚轮。创建点数组 c 记录滚轮的角。为方便起见，将 c[0] 定位在画布原点，将 c[0] 与 c[1] 之间的边定为 x 轴。

```
int nGap = 8, nSide = 3;
float leng = rR*TWO_PI*nGap/nR;
PVector[] c = new PVector[nSide];
c[0] = new PVector (0, 0);
PVector side = new PVector (-leng, 0);
for (int i=1; i<nSide; i++) {
   c[i] = PVector.add (c[i-1], side);
   side.rotate (TWO_PI/nSide);
}
beginShape();
for (int i=0; i<nSide; i++) {
  vertex (c[i].x, c[i].y);
}
endShape (CLOSE);
```

接下来确定小孔相对于滚轮的位置。当滚轮在轨道上着陆时，我们会知道相邻两角的位置（因为它们都在轨道卡槽里）。因此，希望用这两个变量来表示小孔的位置：小孔与其中一个角的距离 dh；小孔与这个角的连线与在轨道上悬空的边之间的夹角 ah。这两个变量可以保存在一个矢量型变量中，记作 vh。而小孔相对于滚轮一角一边的相对位置 vh[0] 一经确定，它与其他角的相对位置 vh[i] 也随之确定。

```
float dh=40, ah=3.4;
PVector ho = new PVector (dh*cos(ah), dh*sin(ah));
ellipse (ho.x, ho.y, 2, 2);
PVector[] vh = new PVector[nSide];
for (int i=0; i<nSide; i++) {
 vh[i] = PVector.sub (ho, c[i]);
 line (c[i].x, c[i].y, vh[i].x+c[i].x, vh[i].y+c[i].y);
 vh[i].rotate (-i*TWO_PI/nSide);
}
```

现在，我们可以写出已知两角位置求小孔坐标的自定义函数 findHoll。在写这段程序时，需要求两个矢量的夹角。我们没有找到求两矢量夹角的现成函数，所以自己创建一个：先求两个矢量的矢量差，然后求这个差的角度。

```
PVector findHoll (PVector p1, PVector p2, PVector v) {
 PVector v2 = new PVector (v.x, v.y);
 v2.rotate (findAng (PVector.sub(p1, p2)));
 PVector ho = PVector.add(p1, v2);
 return ho;
}
float findAng (PVector p) { //range -0.5*PI~1.5*PI;
float ang = 0;
if (p.x>0) ang = atan (p.y/p.x);
else if (p.x<0) ang = atan (p.y/p.x) + PI;
else if (p.y>0) ang = PI/2;
else ang = PI*3/2;
return ang;
}
```

最后，用 line 函数连接一系列小孔位置。记轨道上与滚轮接触的卡槽序号为 noR，记滚轮与轨道接触的角的序号为 noS。滚轮每翻转一次，noR 增加 nGap，noS 增加 1。但 noR 不能超过轨道上的卡槽总数，noS 也不能超过滚轮角的数量，我们用取余数的方法解决这个问题。由 noR 和 noS 可求得小孔位置

Holl。如果用 point 函数绘制小孔，两点之间距离太远了。因此，我们用 line 函数绘制翻转前后两点之间的线段。为了保存上一个小孔的位置，创建一个变量 pholl。这样一步步地绘制，到什么时候停止呢？直到滚轮的角 c[0] 重新进入轨道起点，即 noR 和 noS 同时等于初始值。

```
noR = 0;
noS = 0;
holl = findHoll (pR[noR], pR[(noR+nGap)%nR], vh[noS]);
while (noR > -1) {
pholl = new PVector (holl.x, holl.y);
noR = (noR+nGap)%nR;
noS = (noS+1)%nSide;
holl = findHoll (pR[noR], pR[(noR+nGap)%nR], vh[noS]);
line (pholl.x, pholl.y, holl.x, holl.y);
if (noR == 0 && noS == 0) break;
}
```

图 1-11 显示了三角形和正方形滚轮生成的一些图形。滚轮还可以有更多形状。需要注意的是，在设计滚轮形状时，要先确定各边跨过的卡槽数。

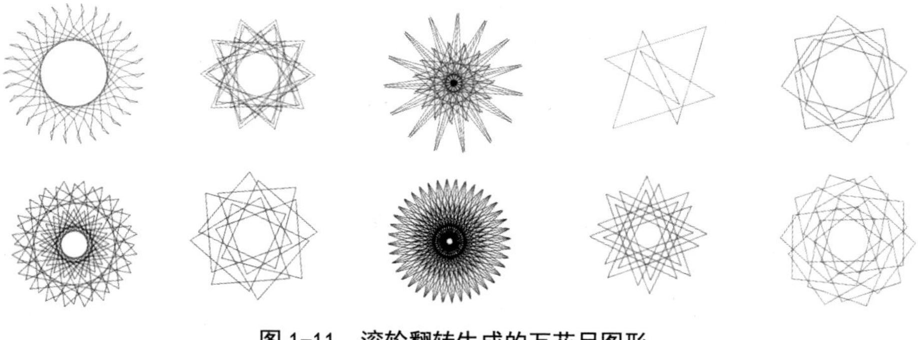

图 1-11　滚轮翻转生成的万花尺图形

异形滚轮有可能有一段弧线和轨道咬合。我们可以分段处理部分咬合的滚轮：当滚轮滚动时，用滚动公式求小孔位置；当滚轮位置移到分界线时，用翻转法求滚轮下次着陆后的小孔位置。也可以把能咬合的部分定义为一连串间距 nGap 为 1 的角，然后统一用翻转法处理。实际上，圆形的滚轮是异形滚轮的一个特例。在圆形齿轮中，有 nGap = 1、nSide = nWheel、dh = dHoll、ah = 0。

第二章　拉线

万花尺图案还有一种制作方法，是用棉线编织成图案。拉线万花尺最早由艺术家尼克·萨瓦斯（Nike Savvas）创作。她用木条制作了一些几何箱体的框架，沿着框条钉钉子，然后用彩色棉线在钉子之间织网。在灯光照射下，线网投下影子，产生了光影交织的美妙效果。在第二章中，我们用计算机模拟拉线的方法生成万花尺图案。

图 2-1　尼克 · 萨瓦斯的拉线艺术

第一节　万花尺简化

我们先尝试制作一个圆形的拉线万花尺图形。拉线万花尺也可以看成点的运动轨迹。这一次，设计参数是方位点数量 nPetal、轨迹上相邻两点之间跨过的节点数量 xPetal，和图形半径 rRing。xPetal 同时也是完成图形时点一共转过的圈数。

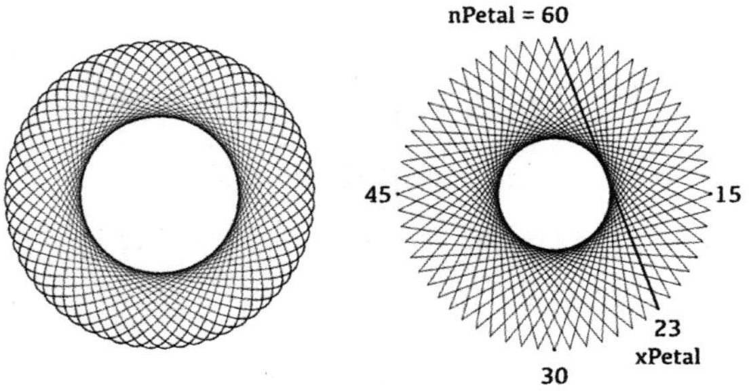

图 2-2　滚轮万花尺和拉线万花尺

```
int nPetal = 100, xPetal = 7;
float rRing = 200;
```

两个相邻站点之间的角度 αGap 是圆周角的 nPetal 等分。

```
float αGap = TWO_PI/nPetal;
```

我们用 ellipse() 函数绘制出节点，检查定位是否正确。

```
float alph = 0;
for (int i=0; i<nPetal; i++) {
alph += αGap;
float xPetal = rRing * cos(alph);
float yPetal = rRing * sin(alph);
ellipse (x, y, 3, 3);
}
```

确保定位正确之后，可以把它们的坐标储存到一个 PVector 类型的数组中。

```
PVector[] p = new PVector[nPetal];
void setup() {
```

```
size (500, 500);
translate (width/2, height/2);
float alph = 0;
for (int i=0; i<nPetal; i++) {
alph += αGap;
p[i]= new PVector (rRing*cos(alph), rRing*sin(alph));
  }
}
```

PVector 是什么？它一种变量类型，用来储存一个矢量。点的位置可以用两个小数来定义，见语句 1，也可以用一个矢量来定义，见语句 2。

```
float x = 5, y = 12;                    // 语句 1
PVector p = new PVector (5, 12);        // 语句 2
```

绘图时，依次执行以下指令：

（1）以 p[0] 为起点；

（2）以起点之后第 xPetal 个站点为终点；

（3）用直线连接起点和终点；

（4）将终点设定为新的起点，重复步骤（2）~（4），直到终点回到 p[0]。

在第（2）步，已知起点求终点时，我们用了（i+xPetal）% nPetal 这个算式。nPetal 是数组长度，对它做取余运算，在图形上反映为越过 p[0] 点的次数。

```
int i = 0;
int next = 1;
while (next != 0) {
  next = (i+xPetal)%nPetal;
  line (p[i].x, p[i].y, p[next].x, p[next].y);
  i = next;
}
```

第二节　沿直线定位

下面我们让节点分布于正多变形的边长。

为了布置节点，写测试程序：已知起点 start、终点 end 和步数 nPetal。让点 mover 从起点出发，经过 nPetal 步更新后抵达终点。每走一步，保存一次当时坐标。首先创建已知量并赋值：

```
PVector start = new PVector (100, 100);
PVector end = new PVector (200, 300);
int nPetal = 10;
line (start.x, start.y, end.x, end.y);
```

然后通过已知量求出中间变量 step。

```
PVector step = PVector.sub(end, start);
step.div(nPetal);
```

最后，创建 mover，它的初始坐标从 start 中获取，每增加一个步长、绘制一个钉子。

```
PVector mover = new PVector (start.x, start.y);
for (int i=0; i<nPetal; i++) {
  mover.add(step);
  ellipse (mover.x, mover.y, 3, 3);
}
```

在正多边形中，起点 start 和终点 end 是一对相邻的角。点 mover 从起点出发走向终点，一旦到达，终点就成为新的起点。

第三节　正多边形框架

正多边形有 nSide 条边，每条边上钉子的数量是 nPetal，钉子的总数就是 nSide *nPetal。我们创建一个数组 p，用于保存这些钉子的位置。

```
int nSide = 3;
```

```
int nPetal = 5;      //numPoints each side
PVector p[] = new PVector[nSide*nPetal];
```

这些钉子的位置可以通过以下函数获得：

```
float alph = 0;
for (int i=0; i<nSide; i++) {
  PVector start = new PVector(rR*cos(alph), rR*sin(alph));
  alph += TWO_PI/nSide;
  PVector end = new PVector(rR*cos(alph), rR*sin(alph));
  PVector step = PVector.sub(end, start);
  step.div(nPetal);
   PVector mover = new PVector (start.x, start.y);
  for (int j=0; j<nPetal; j++) {
    mover.add(step);
    ellipse (mover.x, mover.y, 3, 3);
    ellipse (mover.x, mover.y, 3, 3);
  }
}
```

测试无误之后，就可以将点 mover 的位置赋予钉子数组 p 了。

```
//ellipse (mover.x, mover.y, 3, 3);
p[nPetal*i+j] = new PVector (mover.x, mover.y);
```

第四节　拉线

现在我们在钉子之间绘制直线。直线的起点是第 no 枚钉子，直线的终点是第（no+xPetal）枚钉子。当计算出的序号大于钉子总数时，要减去钉子数量，我们再次用取余运算的方法实现它。判断循环结束的标志是下一枚钉子序号等同于第一枚钉子，因为此后的路径将与已有路径重合。

```
int no = 0;
int next = 1;
```

```
while (next != 0) {
  next = (no+xPetal)%(nSide*nPetal);
  line (p[no].x, p[no].y, p[next].x, p[next].y);
  no = next;
}
```

现在可以试着修改 nSide 和 nPetal 数值，检查不同的结果。为方便起见，可以用方向键来增减 nPetal 和 xPetal。调试程序如下，两个自定义函数分别用于定位钉子和在钉子之间拉线。图 2-3 是三角形和正方形框架生成的一些图案。

```
void keyPressed(){
 if (key == CODED) {
  if (keyCode == UP) nPetal++;
  else if (keyCode == DOWN && nPetal>1) nPetal--;
  else if (keyCode == LEFT && xPetal>2) xPetal--;
  else if (keyCode == RIGHT) xPetal++;
 }
layPins (nPetal, nSide, rR);
layLines (xPetal);
}
```

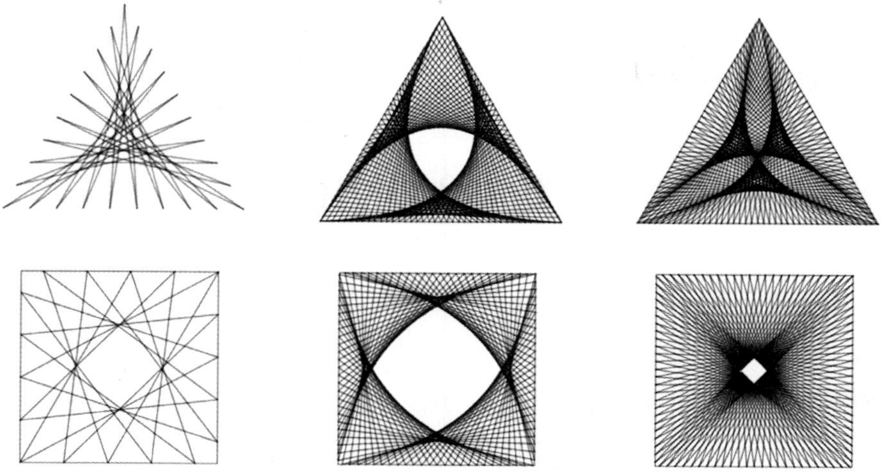

图 2-3　三角形和正方形框架的拉线万花尺

第五节 双环拉线

线不一定要首尾相连。我们可以绘制很多条线，它们的起点来自一组钉子，终点是另一组钉子，图案生成过程如图 2-4 所示。

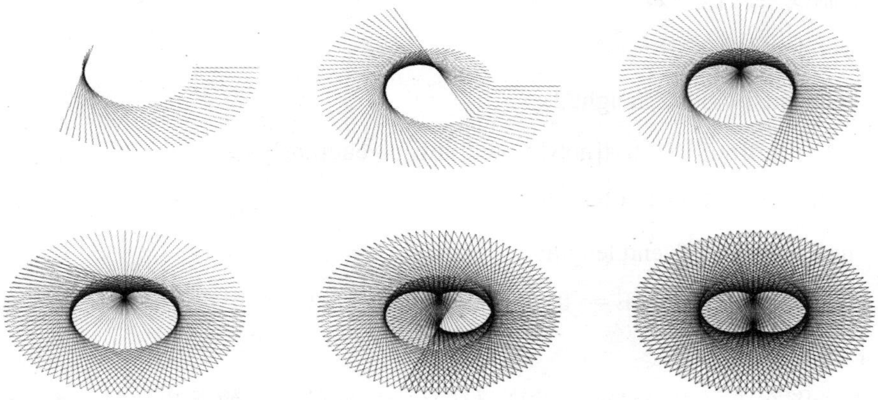

图 2-4 双环拉线万花尺生成过程

钉子定位程序如下：

```
int nStart = 100, nEnd = 60;
PVector[] start = new PVector[nStart];
PVector[] end = new PVector[nEnd];
float rStart = 220, rEnd = 100;
void setup() {
 size (500, 500);
 translate (width/2, height/2);
  float ang = 0;
 for (int i=0; i<nStart; i++) {
  start[i] = new PVector (rStart*cos(ang), rStart*sin(ang));
  ang += TWO_PI/nStart;
 }
 ang = 0;
 for (int i=0; i<nEnd; i++) {
```

```
    end[i] = new PVector (rEnd*cos(ang), rEnd*sin(ang));
    ang += TWO_PI/nEnd;
  }
}
```

绘制线条的程序如下：

```
void draw() {
  translate (width/2, height/2);
  line (start[noS].x, start[noS].y, end[noE].x, end[noE].y);
  noS = (noS+1)%start.length;
  noE = (noE+1)%end.length;
  if (noS == 0 && noE == 0) noLoop();
}
```

这个图案中可以设计改动的变量包括内外圈的钉子数量和半径，图 2-5 显示了两组不同取值生成的结果。

图 2-5　双环拉线万花尺生成结果

第三章 随机拼接

平面拼接，又叫二次元拼接，指使用一种或多种样式单元，通过复制和平移铺满给定的平面形状。拼接所用的样式单元，可以是由单一样式通过旋转、镜像或者镜像平移获得，也可以单独设计。无论以何种方式获得，都应该保证相邻单元的图样在拼缝处是连续的。在古典设计中，不同的图案单元往往是循环重复的。在本章中，我们通过随机选择，拼接出永不重复的迷宫纹样。

第一节 平移重复

用边长为 grid 的正方形代表墙砖，用运行窗口代表墙面。规定砖块的列数，用除法可以确定砖块边长，进而求出砖块的行数。

```
int nx, ny;
float grid;
void setup() {
  size (700, 300);
  nx = 10;
  grid = width/nx;
  ny = int(height/grid)+1;
}
```

铺设墙砖时，我们会遵循这样的顺序：从左上角开始，从左往右一片一片地贴，直到墙面最右边；贴满一行再贴下一行，如此反复，直到贴到墙的底部。我们给二维平面上的每个砖位编上脚标，砖块左上角的坐标可以由它的脚标计算出来。有了位置坐标（见表 3-1），就可以画出砖块来。

表 3-1　二维平面上的墙砖脚标

j \ i	0	1	2	3	4	5	6	7
0	(0, 0)	(1, 0)	(2, 0)	(3, 0)	(4, 0)	(5, 0)	(6, 0)	(7, 0)
1	(0, 1)	(1, 1)	(2, 1)	(3, 1)	(4, 1)	(5, 1)	(6, 1)	(7, 1)
2	(0, 2)	(1, 2)	(2, 2)	(3, 2)	(4, 2)	(5, 2)	(6, 2)	(7, 2)

```
for (int j=0; j<ny; j++) {
  for (int i=0; i<nx; i++) {
    float x = grid * i;
    float y = grid * j;
    rect (x, y, grid, grid);
  }
}
```

下面选择斜线作为砖面图样。完成绘制之后，把绘制图样的函数设成自定义函数 tile，在原先 rect 函数的地方调用 tile 函数。

```
void tile(float x, float y, float l, int noS) {
  noStroke();
  fill (124);
  rect (x, y, l, l);
  stroke (255);
  strokeWeight (4);
  if (noS == 1) line (x, y, x+l, y+l);
  else line (x+l, y, x, y+l);
}
```

此时可以绘制重复的斜线纹。

第二节　多款样式

下面我们增加一款样式，用两款墙砖来拼图。对原有样式做水平镜像，得到一个与之相反的斜线图样（见图 3-1）。

如果保持每个竖列上使用同一种图样，在水平方向上，让AB图样交替出现，就得到一个二方连续图样。实现的方法：先修改绘制函数，增加一个表示 AB 图样的参数；然后在显示函数中，让变化方向的脚标做取余运算，余数决定所在位置绘制哪一款样式。

```
void display() {
 for (int j=0; j<ny; j++) {
  for (int i=0; i<nx; i++) {
   float x = grid * i;
   float y = grid * j;
   int style = i%2;
   tile (x, y, grid, style);
  }
 }
}
void tile(float x, float y, float l, int noS) {
 noStroke();
 fill (124);
 rect (x, y, l, l);
 stroke (255);
 strokeWeight (4);
 if (noS == 1) line (x, y, x+l, y+l);
 else line (x+l, y, x, y+l);
}
```

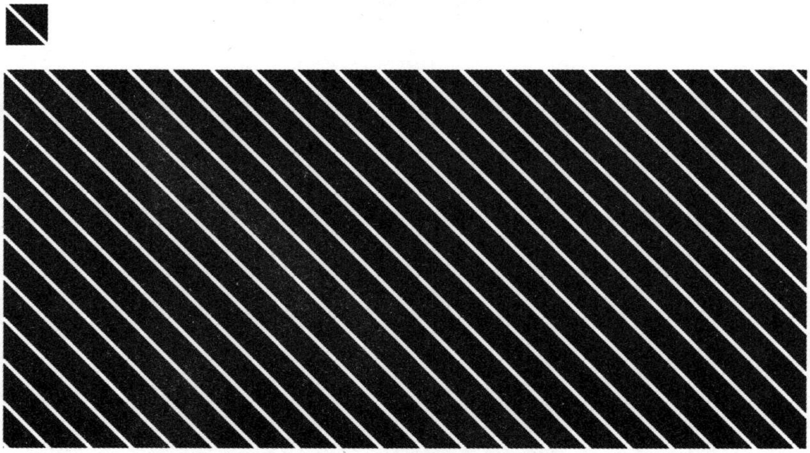

图 3-1　二方连续的斜线纹

如果每块墙砖都与其上下左右的邻居不同，就得到一个四方连续图样（见图 3-2）。制作四方连续纹样时，我们需要找一个函数，满足以下条件：它的自变量是砖位在两个方向上的序号，它的返回值是我们想要的样式序号。这样的函数不唯一，我们用一个最先想到的：用两个维度的脚标之和做取余运算。

```
void display() {
 for (int j=0; j<ny; j++) {
  for (int i=0; i<nx; i++) {
   float x = grid * i;
   float y = grid * j;
   //int style = (i+j)%2;
   tile (x, y, grid, style);
  }
 }
}
```

图 3-2　四方连续的斜线纹

我们也可以让这两种样式随机出现，不受脚标数字影响。只要把获得样式编号的函数替换成随机数函数。这就得到了图 3-3 的样式。

```
void display() {
 for (int j=0; j<ny; j++) {
  for (int i=0; i<nx; i++) {
   float x = grid * i;
   float y = grid * j;
   //int style = (i+j)%2;
   tile (x, y, grid, style);
  }
 }
}
```

图 3-3　随机图样

第三节　半圈拼布

在平面铺设中，获得新样式的方法有镜像和旋转。对于斜线纹样，这两种方法得到的新图案是一样的。对于图 3-4 的半圈花纹，经过旋转和镜像的变化，最多可获得 4 种样式。用这 4 种样式有规律地拼接，得到如图 3-5 所示的图案。用这些样式随机拼接，则得到了一些不重复的图案（见图 3-6）。

图 3-4　半圈花纹通过旋转得到的 4 种样式

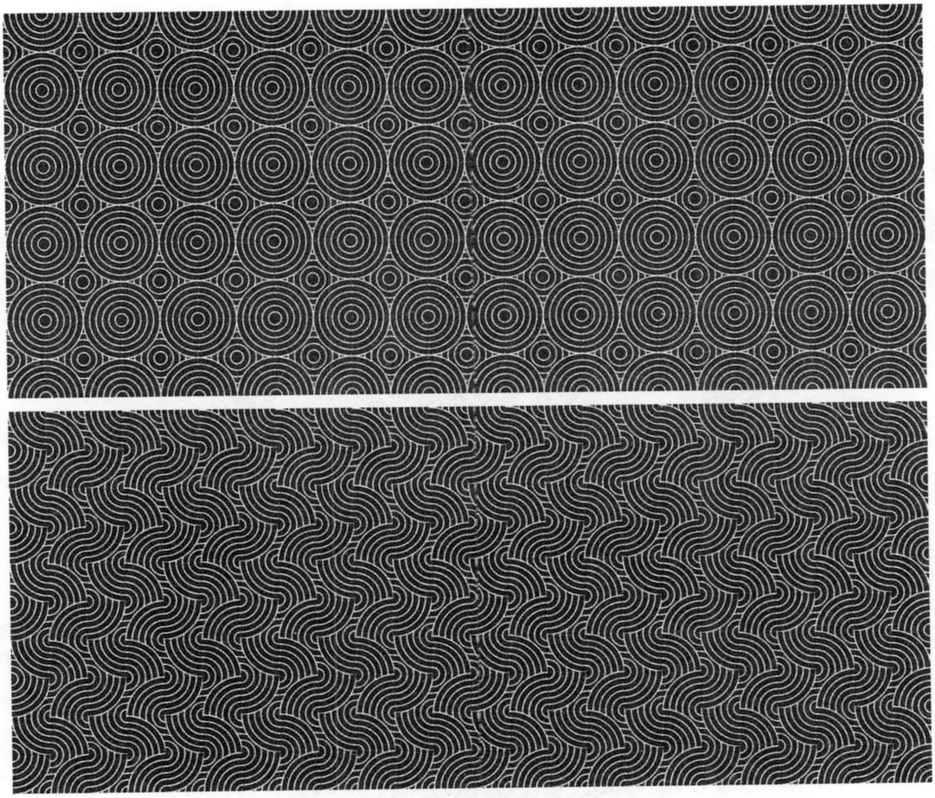

图 3-5　四款半圈纹交替拼接

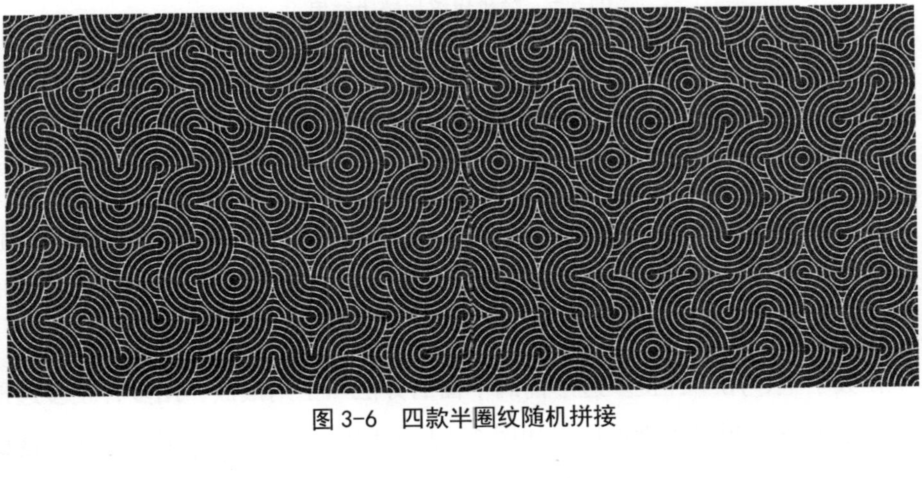

图 3-6　四款半圈纹随机拼接

第四节　图案收边

因为每个单元都可以向四个方向发展，拼图的结果好像是从更大的画幅上剪下的局部。我们可以设计一些图样，让它有一条或几条不能发展的边沿，用于铺设形状的边沿。这样，拼图的结果就更像一个独立、完整的图案了（见图 3-7）。

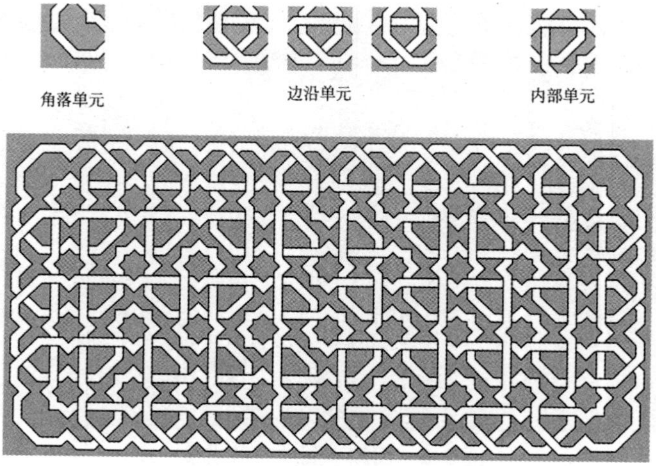

图 3-7　随机拼接加锁边结果

第五节　正则镶嵌和半正则镶嵌

由旋转获得的新样式可以用于拼接，需要满足两个条件，一是墙砖的形状是正多边形，二是紧贴边沿的图案能两两衔接。正多边形的墙砖，除了正方形以外，还有正三角形和正六边形，也可以铺满整个平面。

在数学上，用一种正多边形铺满平面的方法叫正则镶嵌，用多种正多边形铺满平面的方法叫半正则镶嵌。如图 3-8 是人们发现的 8 种半正则镶嵌。请试着设计一个非正方形拼接的迷宫吧。

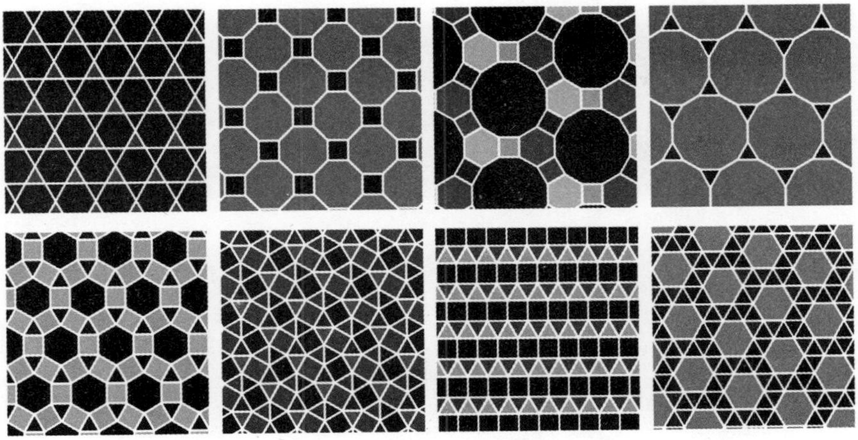

图 3-8　8 种半正则镶嵌

第四章　噪声偏移

误差是许多艺术效果的实现方法。计算机本来能够输出高度精准的图形，为了营造某些视觉风格，有时故意制造一些随机偏差。这种偏差的取值范围是连续的，像一团概率云那样围绕着基准。还有一些时候，我们希望随机数取值不仅分布在基准附近，而且也在上一次随机取样的返回值附近，这时候就用到了名叫柏林噪声的技术。

在第四章中，我们对规则的图案施以噪声偏移，生成特定的视觉效果。

第一节　连续区间中的随机样式

角度是一个连续变量。如果要让选中的概率平均分布在圆周上，我们可以在 0~2π 的区间上随机取值（见图 4-1）。

```
float gap = 10;
for (float d=0; d<width; d+=gap) {
  float start = random (0, TWO_PI);
  float ang = random (PI, TWO_PI);
  arc (width/2, height/2, d, d, start, start+ang);
}
```

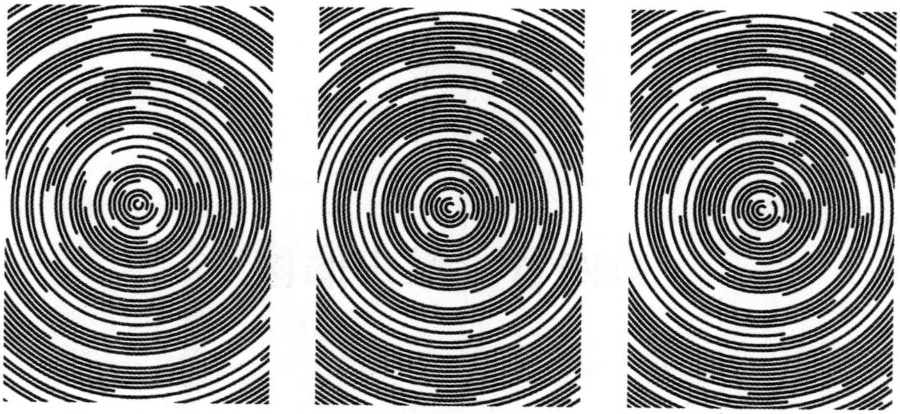

图 4-1　角度随机取值

如图 4-2 所示，先绘制正六边形镶嵌，然后对各个顶角的位置施加距离确定、方向随机的偏移，就生成了类似水立方的肌理。

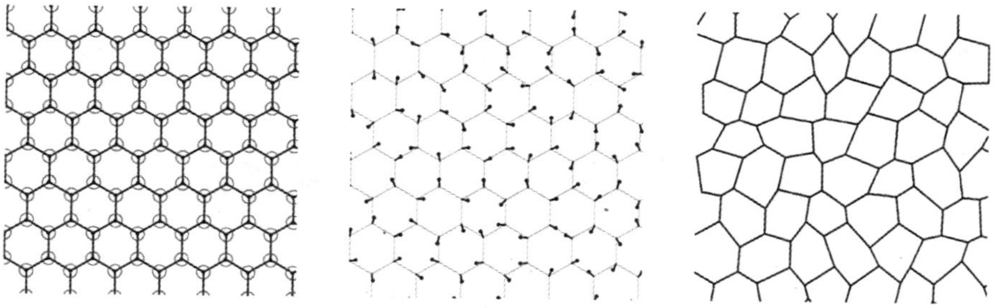

图 4-2　水立方肌理生成示意

第二节　围绕基准的随机数

颜色也是连续变量。对于颜色，我们常常需要它在一个基准附近随机取值。如果要由“标准样式”变化出新样式来，可以使用 random Gaussian 函数。random Gaussian 函数没有参数，它的返回值是以 0 为基准、以 1 为标准差的正态分布随机数。为了得到我们想要的值，要对它做如下运算：

myValue = myMean + randomGaussian() * mySD

图 4-3 的左图是以渐变色为基准，对色相做正态偏移得到的；中图是无随

机偏移的渐变色；右图是以渐变色为基准、对 R 分量做正态偏移得到的。下面我们来做一些随机色彩条。首先画出基准色条纹。

图 4-3　随机色条

```
strokeWeight (gap);
for (int i=0; i<nx; i++) {
  float x = i*gap;
  stroke (c0);
  line (x, 0, x, height);
}
```

给基准色随机变化的步骤如下：（1）提取基准色分量，这里我们用 HSB 模式；（2）以这些分量为平均值，取正态分布随机数，得到变化后的颜色分量；（3）用获得颜色分量合成新的颜色，这就得到了随机条纹。

```
for (int i=0; i<nx; i++) {
  float x = i*gap;
  float cH = hue (c0) + randomGaussian()*5;
  float cS = saturation (c0) + randomGaussian()*15;
  float cB = brightness (c0) + randomGaussian()*30;
  stroke (cH, cS, cB);
  line (x, 0, x, height);
}
```

第三节　返回颜色的噪声

当我们希望随机数取值不仅分布在基准附近，而且也在上一次随机取样的返回值附近时，可以用到 noise 函数。noise 函数的参数表示本次取样在连续取样序列中的位置。两次调用函数，参数越接近，返回值就越接近。下面是一个测试程序：

```
float t = 0;
for (int x=0; x<width; x++) {
  t += 0.01;
  float y = noise(t)*height;
  point (x, y);
}
```

图 4-4 显示，当参数每次递增 0.01 时，返回值的变化比较平缓，随着参数增幅加大，返回值开始跳跃。

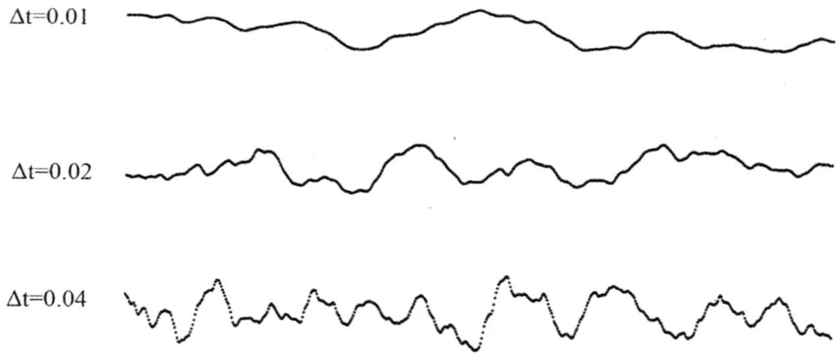

图 4-4　参数递增越快，返回值变动越剧烈

noise 函数的返回值在 0~1，为了把它映射到我们想要的区间，需要做以下运算：

myValue = myMin + noise(t) * myRange

noise 函数可以有两个参数，这有助于我们获得在两个维度上都平缓连续的随机数。用这个随机数给点的颜色赋值，得到每个砖块的颜色不仅和左右邻居接近，也和上下邻居接近。图 4-5 是正三角形镶嵌的拼图，我们对每个单元的颜色加入偏差，得到了平滑的渐变效果。如果要绘制彩色版本，就对各个颜色分量分别做随机偏差。

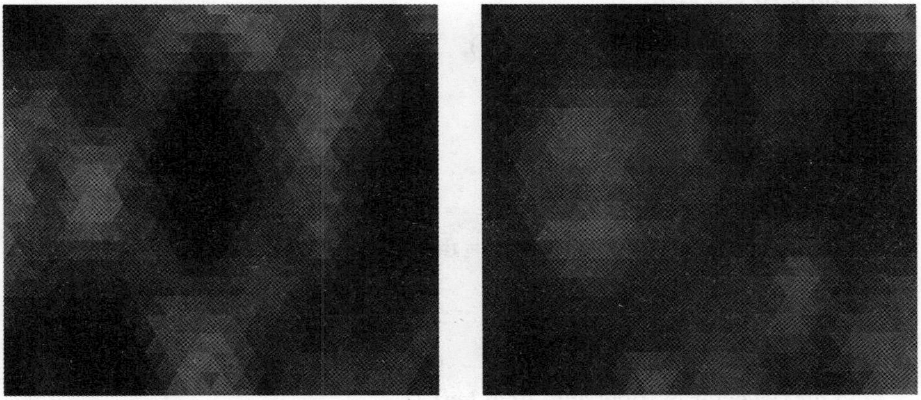

图 4-5　二维噪声返回颜色

```
float len = 20;
int nx, ny;
float txR=0, tyR=533, txG=903, tyG, txB, tyB;
float delta = 0.1;
void setup() {
 size (400, 360);
 nx = int (width/(len*0.5)+2);
 ny = int (height/(len*sin(PI/3))+2);
 noStroke();
 for (int j=0; j<ny; j++) {
  for (int i=0; i<nx; i++) {
   txR += delta;  txG += delta;  txB += delta;
   float ang = -PI/2;
   if ((i%2+j%2)%2==1) ang += PI;
   float x = len*0.5*i;
   float y = len*sin(PI/3)*j;
   float cR = noise (txR, tyR)*255;
```

```
        float cG = noise (txG, tyG)*255;
        float cB = noise (txB, tyB)*255;
        fill (cR, cG, cB);
        PVector mh = new PVector (x, y);
        otr (mh, ang, len);
      }
      txR = 0; txG = 533; txG = 903;
      tyR += delta; tyG += delta; tyB += delta;
    }
  }
  void otr (PVector m, float ang, float len) {
    pushMatrix();
    translate (m.x, m.y);
    rotate (ang);
    beginShape();
    vertex (len*0.5*sin(PI/3), 0);
    vertex (-len*0.5*sin(PI/3), len*0.5);
    vertex (-len*0.5*sin(PI/3), -len*0.5);
    endShape(CLOSE);
    popMatrix();
  }
```

第四节　返回位置的噪声

柏林噪声可以让颜色偏离基准，也可以让点的位置偏离基准。绘制 4-6 所示图案，首先要写出基准图案：

```
int nx = 12, ny = 60;
float xGap = 420/nx, yGap = 300/ny, y0 = 150, new = 30;
PVector[][] pa = new PVector[nx][ny];
```

```
PVector[][] pb = new PVector[nx][ny];
void setup() {
 for (int i=0; i<nx; i++) {
  for (int j=0; j<ny; j++) {
   float x = xGap*i + 30;
   float y = yGap*j + y0;
   pa[i][j] = new PVector (x, y);
   float ang = map (j, 0, ny, 0, PI);
   float nana = new*sin(ang);
   x = xGap*i + nana+30;
   y = yGap*j + y0;
   pb[i][j] = new PVector (x, y);
  }
 }
  for (int i=0; i<nx; i++) {
  for (int j=0; j<ny; j++) {
   line (pa[i][j].x, pa[i][j].y, pb[i][j].x, pb[i][j].y);
  }
 }
}
```

随后为每一个点的坐标加上噪声。噪声的参数在头部设定。为每一个求点坐标的函数加上噪声偏移 noise (tx, ty)*de。

```
float vy = 20, vx = 40;
float dex = 0.05, dey = 0.1, dei = 0.01, dej = 1;
void setup() {
 float tx = 0, ty = random (100, 200);
 float ti = 900, tj = random (500, 600);
 for (int i=0; i<nx; i++) {
  for (int j=0; j<ny; j++) {
```

```
      tx += delx;
      float y = yGap*j+noise (tx, ty)*dy + y0;
      pa[i][j] = new PVector (x, y);
      float ang = map (j, 0, ny, 0, PI);
      float nana = new*sin(ang);
      ti += deli;
      x = xGap*i + nana+ noise(ti, tj)*dx+30;
      y = yGap*j + y0;
      pb[i][j] = new PVector (x, y);
    }
    tx = 0;
    ty += dely;
    ti = 900;
    tj += delj;
  }
}
```

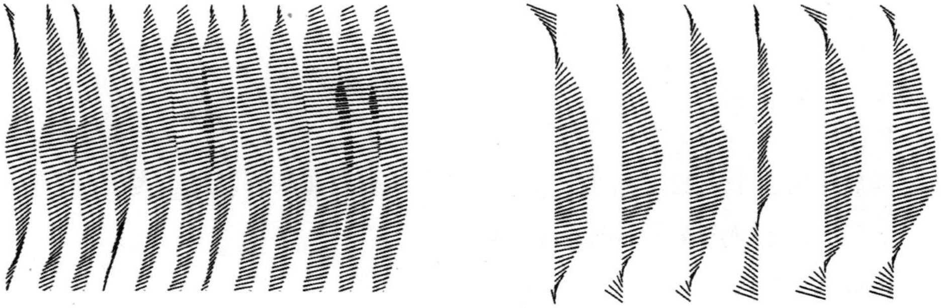

图 4-6　二维噪声返回位置

第五章　分形和递归

分形的概念最早由英国数学家曼德博提出，一个分形图案可以分为几个部分，其中每个部分的形状都和整体近似或相同。分形广泛存在于自然界中，植物的生长分岔、动物的血管分布、河流的走向、闪电的分支，都是分形。

用程序来模拟分形的方法叫作递归。递归，就是一个函数调用它自身。运行递归函数就像给洋葱剥皮，剥去一层，还有一层。尽管剩下的洋葱越来越小，但它仍然具有一颗完整洋葱的全部部件。用递归法绘制直径衰减的同心圆（洋葱），只要两个步骤。第一步，画出洋葱的最外圈，第二步，在它的里面画一颗小一码的洋葱。我们不用操心第二圈或第三圈，因为“画小一码的洋葱”这个指令，已经包含了“画小一码的外圈”。不过，我们需要预防程序会无止境地画越来越小的洋葱皮以至于崩溃。所以，执行第二步要有个条件：下一个洋葱不能小于临界尺寸。这个条件叫递归的出口。

在第五章中，我们将用递归法生成一系列分形图案。

第一节　圆和直线

从里往外画同心圆，让中心圆的直径逐帧增大，直到与第二代圆的直径相同，然后循环往复，便制成了隧道的动画效果。

```
float ex = 50, ex2 = 50*1.1;
float d0 = ex;
void setup() {
  size (500, 300);
```

```
  noFill();
  stroke(255);
  frameRate (30);
}
void draw() {
  background (0);
  d0 ++;
  if (d0>=ex2) d0 = ex;
  tun (d0);
}
void tun (float d) {
  ellipse (width/2, height/2, d, d);
  d *= 1.1;
  if (d<width) tun (d);
}
```

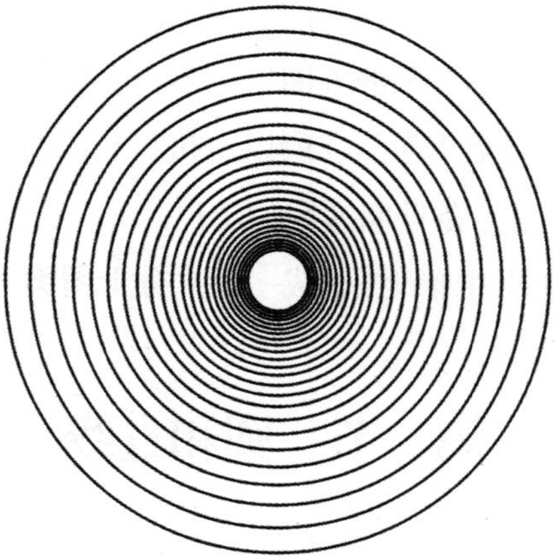

图 5-1　递归的同心圆

把圆换成直线，就得到了名为“康托尘埃”的图形。它的第一个绘制对象是一条线段。在第二步中，把已有的线段三等分，去掉中间一段，剩下两端的线段。这样就多了两个线段。每个线段又做同样的操作，直至递归出口。

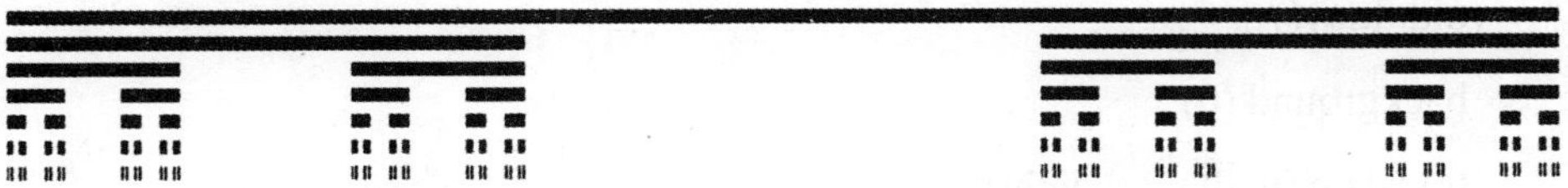

图 5-2　康托尘埃图形

```
void setup() {
 size (730, 120);
 strokeWeight (3);
 strokeCap (SQUARE);
 dust (730);
}
void dust (float d) {
 line (0, 0, d, 0);
 if (d>1) {
  pushMatrix();
  translate (0, 12);
  dust (d/3);
  translate (d/3*2, 0);
  dust (d/3);
  popMatrix();
 }
}
```

如果把洋葱隧道视为一个世代单传的谱系，那么在康托尘埃的谱系上，每个亲代都繁衍出了两个子女。自相似图形的“二胎家族”中有一位明星，叫二叉树。它模仿了花菜、蕨类或其他植物的分岔形态。

```
float alph = PI/10, pct = 0.7;
void setup() {
 size (700, 400);
 stroke (255);
}
```

```
void draw() {
  background (0);
  translate (width/2, height);
  line (0, 0, 0, -120);
  branch(120);
  alph = radians (mouseX);
}
void branch(float h) {
  translate (0, -h);
  h *= pct;
  if (h>2) {
    pushMatrix();
    rotate (alph);
    line (0, 0, 0, -h);
    branch (h);
    popMatrix();
    rotate (-alph);
    line (0, 0, 0, -h);
    branch (h);
```

图 5-3　二叉树

在这个程序中，我们用分岔角度响应光标位置，可以观察到分岔角度对生成图形的影响。

二叉树有许多变体。用不同的视觉元素替换直线，可获得各种样式。改变分岔角度、子代衰减比例等参数，得到新的规则。规则就像生物的基因，样式就像生物的表现型。道金斯为二叉树定义了 9 个基因，当这些基因变量被赋予不同的值，产生了形如昆虫、蝙蝠、字母等形态。

第二节　谢尔宾斯基三角形和谢尔宾斯基地毯

下面我们来画谢尔宾斯基三角形和谢尔宾斯基地毯。

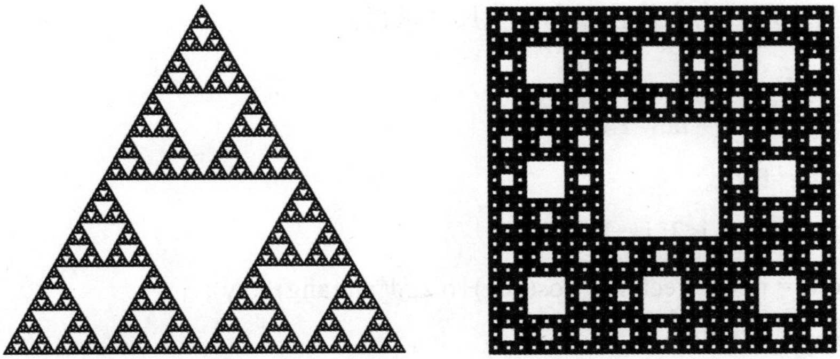

图 5-4　谢尔宾斯基三角形和谢尔宾斯基地毯

先画一个黑色的三角形。把画布原点移动至三角形中心。我们用外切圆半径记录三角形尺寸。已知中心和外切圆半径，用极坐标公式找到顶点，并保存在一个点数组中。随后用这组点画三角形。

```
float radius = 240;
void setup() {
  size (500, 500);
  translate (width/2, height/2+50);
  noFill();
  PVector center = new PVector(0, 0);
  pyramid (center, radius);
```

```
}
void pyramid (PVector o, float d) {
 PVector[] p = new PVector[3];
 float ang = -PI/2;
 for (int i=0; i<3; i++) {
  p[i] = new PVector(d*cos(ang)+o.x, d*sin(ang)+o.y);
  ang += PI/3*2;
 }
 triangle (p[0].x, p[0].y, p[1].x, p[1].y, p[2].x, p[2].y);
}
```

这个三角形繁衍出了 3 个子代。每个子代的尺寸都是亲代的 1/2，各个子代的位置也可以由亲代位置和亲代尺寸求得。

```
d/= 2;
PVector[] c = new PVector[3];
ang = -PI/2;
for (int i=0; i<3; i++) {
 c[i] = new PVector(d*cos(ang)+o.x, d*sin(ang)+o.y);
 ang += PI/3*2;
}
```

最后，调用它自己，除非三角形尺寸不再满足递归条件。

```
if (d>2) for (int i=0; i<3; i++) pyramid (c[i], d);
```

这三个步骤，也可以用于绘制谢尔宾斯基地毯。谢尔宾斯基地毯是正方形的，它的中央有一个正方形窟窿，窟窿的边长是地毯边长的 1/3。这个窟窿繁衍出 8 个子代，每个子窟窿的边长是其亲代的 1/3，位置在亲代周围。

```
float len = 400;
void setup() {
 size (500, 500);
 noStroke();
 fill (0);
```

```
  rect (50, 50, len, len);
  fill(255);
  PVector center = new PVector(50, 50);
  holl (center, len);
}
void holl (PVector c, float d) {
  rect (c.x+d/3, c.y+d/3, d/3, d/3);
  d/= 3;
  PVector[] co = new PVector[9];
  for (int i=0; i<9; i++)
    co[i] = new PVector (i%3*d+c.x, int(i/3)*d+c.y);
  if (d>5) for (int i=0; i<9; i++) if (i!=4) holl(co[i], d);
}
```

在求子代正方形坐标时，我们用到了取余运算和取商的整数部分运算。在写第一个版本时，可以先创建临时变量 x、y，分别列出求值算式。等整理代码时，再把算式剪切到点变量的赋值语句中。

```
for (int i=0; i<9; i++) {
  //float x = i%3*d+c.x;
  //float y = int(i/3)*d+c.y;
  //co[i] = new PVector (x, y);
  co[i] = new PVector (i%3*d+c.x, int(i/3)*d+c.y);
}
```

这个 for 循环求出了九宫格中的所有方块位置，但我们只需要其中 8 个。因此在调用自身时，可以排除中央的格子。数字键盘中央的数字是 5，我们要去掉的点的脚标是 4，这是因为数组的脚标是从 0 而不是 1 开始的。

第三节　归纳和衍生

目前为止，我们用递归法画出了 5 个图形：隧道、康托灰埃、二叉树、谢尔宾斯基三角形、谢尔宾斯基地毯。它们都有一个始祖图形和一个发生器。始祖决定了形状，发生器决定了下一代的数量、尺寸缩放比例，以及各个后代的位置和朝向。

表 5-1　自相似图形归纳

始祖	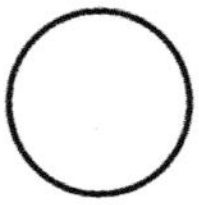			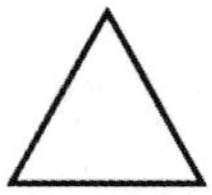	
发生器	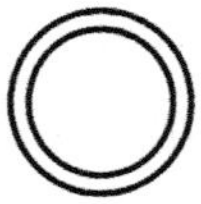	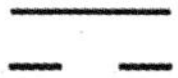		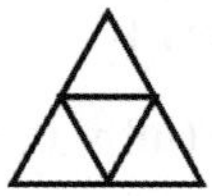	
子女数量	1	2	2	3	8
尺寸衰减	d*=0.8	len/=3	len*=0.7	len/=2	len/=2

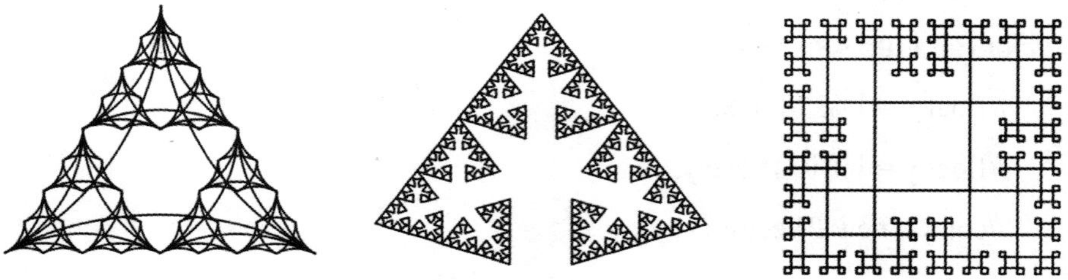

图 5-5　自相似图案设计

我们来试着设计始祖和发生器，看看能产生什么结果。做这些实验经常用到正多边形和正星形，在这里给出它们的自定义函数。

```
void regoly(PVector o, int n, float exR, float alph) {
  float ang = alph;
```

```
 beginShape();
 for (int i=0; i<n; i++) {
  vertex (exR*cos(ang)+o.x, exR*sin(ang)+o.y);
  ang += TWO_PI/n;
 }
 endShape(CLOSE);
}
void star(PVector o, int n, float exR, float alph， float inR) {
 float ang = alph;
 beginShape();
 for (int i=0; i<n; i++) {
  vertex (exR*cos(ang)+o., exR*sin(ang)+o.y);
  ang += PI/n;
  vertex (inR*cos(ang)+o.x, inR*sin(ang)+o.y);
  ang += PI/n;
 }
 endShape(CLOSE);
}
```

正多边形函数有4个参数:第一个参数是形状中心,第二个参数是边的数量,第三个参数是外切圆半径，第四个参数是顶角方向；星形函数比正多边形多一个参数，其第五个参数是内切圆半径。图 5-6 中，子代和亲代共享角；图 5-7 中，子代正多边形以亲代正多边形的角为中心。

图 5-6　正多边形向外生长

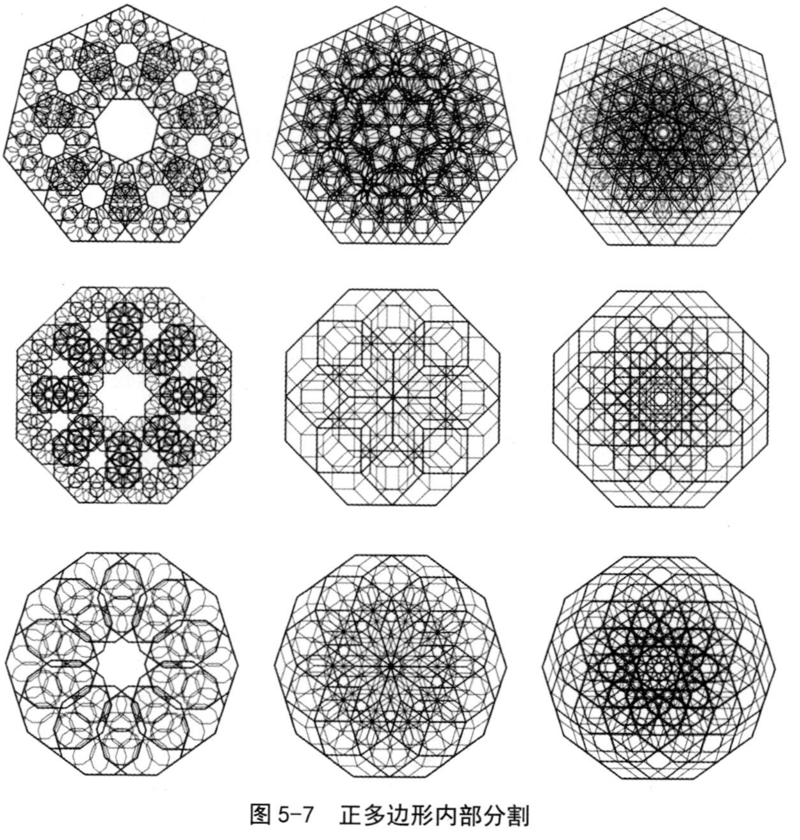

图 5-7　正多边形内部分割

第四节 隐藏亲代

在此前的程序中，我们总是先把亲代图形画出来，然后再产生子代。在生成结果中，每一代图形都会显示出来。现在，我们尝试不把亲代画出来，直接绘制出口处的后代。

下面以科赫曲线为例，画一个子代取代亲代的图形。

```
PVector start = new PVector (50, 250);
PVector end = new PVector (450, 250);
void setup() {
 size (500, 300);
 koch(start, end);
}
void koch(PVector start, PVector end) {
 float d = dist (start.x, start.y, end.x, end.y);
 if (d<2) line (start.x, start.y, end.x, end.y);
 else {
  PVector[] p = new PVector[5];
  p[0] = new PVector (start.x, start.y);
  p[4] = new PVector (end.x, end.y);
 float x1 = lerp (start.x, end.x, 0.333);
  float y1 = lerp (start.y, end.y, 0.333);
  p[1] = new PVector (x1, y1);
    float x2 = lerp (start.x, end.x, 0.667);
  float y2 = lerp (start.y, end.y, 0.667);
  p[3] = new PVector (x2, y2);
    PVector v = PVector.sub (p[3], p[1]);
  v.rotate (-PI/3);
  p[2] = PVector.add (p[1], v);
    koch (p[0], p[1]); koch (p[1], p[2]);
```

```
  koch (p[2], p[3]); koch (p[3], p[4]);
 }
}
```

如图 5-8 所示，科赫曲线的始祖是一条线段，把线段三等分，中间的一段隆起成等边三角形的两腰，它就这样变成了 4 个子女。我们把设计参数定为线段的起点和终点。有了起点和终点，就可以求出线段长度。只有当长度达到出口条件时，才把这条线段画出来，否则就求它的子代的参数，并用来调用 Koch 函数自身。

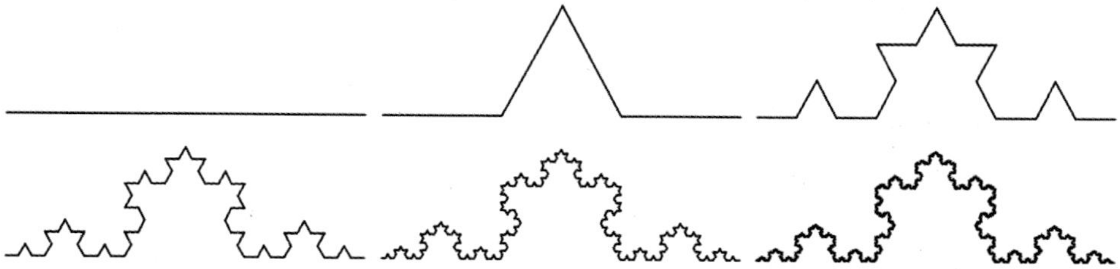

图 5-8　科赫曲线

第五节　漫步者的足迹

我们可以把像科赫曲线这样由祖先变化而来的线想象成沙滩上的足迹。漫步者有两种动作，要么前进，要么转弯。前进时，我们画出从起点到终点的直线，然后把画布原点移动到终点；转弯时，我们把画布反向转过转弯的角度。用漫步法写成的科赫雪花代码如下：

```
float alph = PI/3;
void setup() {
 size (400, 200);
 translate (20, 150);
 koch (360);
}
void koch (float len) {
```

```
if (len < 10) {
  line (0, 0, len, 0);
  translate (len, 0);
} else {
  len /= 3;
  koch (len);
  rotate (-alph);
  koch (len);
  rotate (+alph+alph);
  koch (len);
  rotate (-alph);
  koch (len);
 }
}
```

试着改变隆起的高度，我们获得科赫曲线的变体。

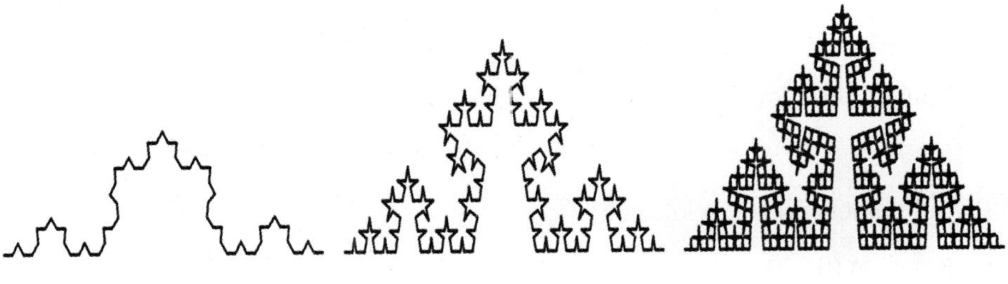

图 5-9　科赫曲线的变体

第六节　子女各不同

到目前位置，亲代始终会以同样的规则产生后代。下面我们尝试两种发生方式，记作 A 和 B。在二叉树上，A 可以生出 A 和 B，而 B 只能繁衍出 A，我们就会得到一棵不对称的树，如图 5-10 所示。

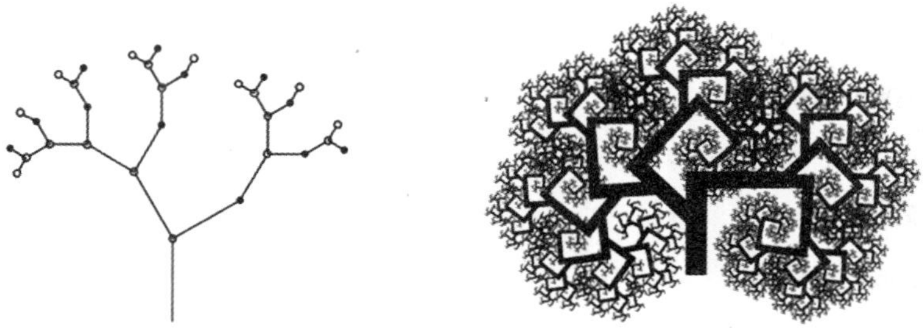

图 5-10　二叉树的变体

```
void setup() {
  size (700, 500);
  translate (width/2, height);
  line (0, 0, 0, -160);
  branch(160, isA);
}
void branch(float h, boolean a) {
  translate (0, -h);
  h *= 0.7;
  if (a) fill (255);
  else noFill();
  ellipse (0, 0, 5, 5);
  if (h>10) {
    pushMatrix();
    rotate (-PI/6);
    line (0, 0, 0, -h);
```

```
  branch (h, true);
  popMatrix();
  if (a) {
   rotate (PI/3);
   line (0, 0, 0, -h);
   branch (h, false);
  }
 }
}
```

在一个有9个后代的科赫曲线变体身上，我们设定两种繁衍方式：A表示“从线的右边隆起”，B表示“从线的左边隆起”。如果一条线是A型的，它就从线的右边隆起，反之，就按照B方式繁衍。其子女的AB属性由亲代属性和它们的排行决定。“=”表示所在的行列出了递归出口处的漫步动作，“F”表示前进，“+”表示右转，“-”表示左转；“>”表示所在的行列出了子女的AB属性。

运行这个程序，我们又得到一个逼近谢尔宾斯基三角形的曲线（见图5-11）。

```
float alph = PI/3;
void setup() {
 size (600, 500);
 translate (50, 50);
 koch (450, 1);
}
void koch (int len, int isA) {
 if (len < 20) {
  line (0, 0, len, 0);
  translate (len, 0);
 } else {
  len /= 4;
  koch (len, isA);  //1
```

```
    rotate (alph*isA);
    koch (len, -isA); //2
    rotate (alph*isA);
    koch (len, isA);  //3
    rotate (-alph*isA);
    koch (len, -isA); //4
    rotate (-alph*isA);
    koch (len, isA);  //5
    rotate (-alph*isA);
    koch (len, -isA); //6
    rotate (-alph*isA);
    koch (len, isA);  //7
    rotate (+alph*isA);
    koch (len, -isA); //8
    rotate (+alph*isA);
    koch (len, isA);  //9
  }
}
```

为缩短代码，我们可以把子女的参数按照排行设为一个数组，然后用循环语句完成生产指令。

```
int[] ab = {1, -1, 1, -1, 1, -1, 1, -1, 1};
int[] rot = {1, 1, -1, -1, -1, -1, 1, 1};
void koch (int len, int isA) {
  if (len < 10) {
    line (0, 0, len, 0);
    translate (len, 0);
  } else {
    len /= 4;
    for (int i=0; i<9; i++) {
```

```
  koch (len, isA*ab[i]);
  if (i<8) rotate (alph*isA*rot[i]);
 }
}
```

像这样有两种繁衍方式的曲线，还有皮亚诺曲线、龙形线等（见图 5-12、图 5-13）。

图 5-11　逼近谢尔宾斯基三角形

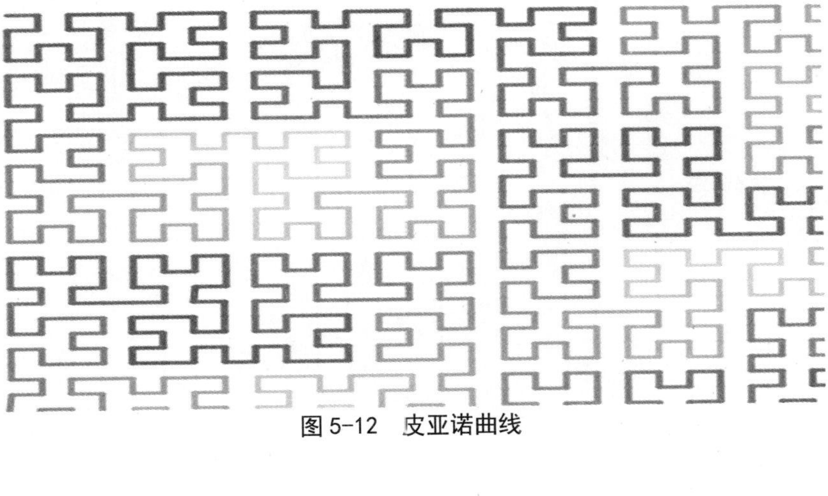

图 5-12　皮亚诺曲线

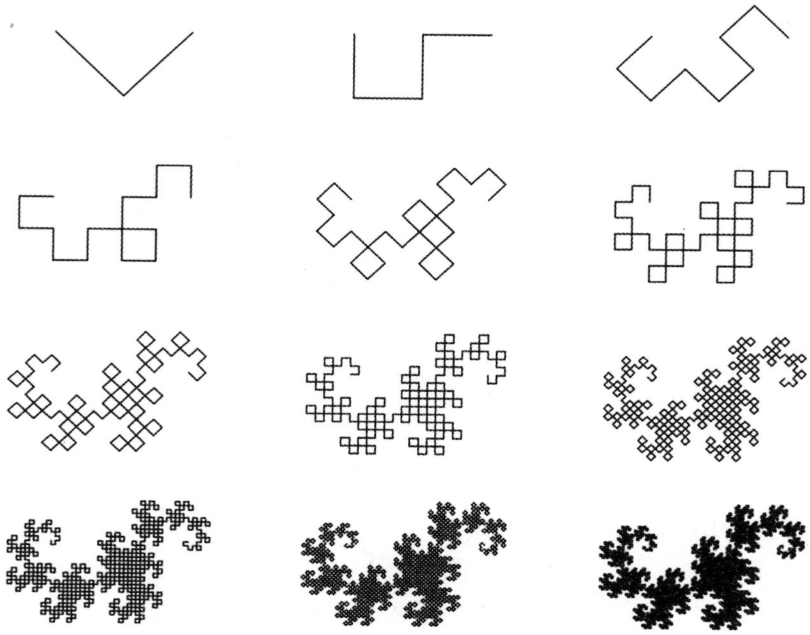

图 5-13　龙形线

第六章　细胞自动机

细胞自动机，又叫元胞机，是很多自然界纹理的形成机制。元胞机生成的图案，就像一幅马赛克拼贴壁画，尽管远看呈现出丰富的面貌，画作的基本单位却是颜色有限的瓷砖。不过，这幅壁画的每块瓷砖都是活细胞，它们可以在不少于两种颜色之间来回切换。每一秒钟，它们看看前后左右，邻居们都什么颜色，由此决定自己下一秒显示什么颜色。科学家发现，从随机状态出发，经过足够次数的切换之后，元胞机图案就呈现出某种固定的风格。

在第六章中，我们用元胞机来生成一些马赛克拼贴。

我们选择正六边形镶嵌的阵列来排列细胞。这种阵型是冰晶的晶体结构，美国科学家利布莱希特研究了冰晶的形成：几个水分子偶然聚在一起，形成了晶核。在潮湿的空气中，不断有水分子撞上晶核。撞过来的分子能否加入晶核，受其邻居数量的影响。如果它与两个晶核内部分子为邻，它就会逃脱；如果它碰巧和三个晶核分子相邻，它就会被粘住。在这种机制下，晶核的缺口逐渐被填补，小晶核长成了正六边形的冰晶。

图 6-1　水分子聚成冰晶

完整的六边形外周没有三邻居的空位。此时的晶核外周，六条边尽是双邻居席位，只有顶点处有单邻居席位。幸运的是，在寒冷的空气里，单邻居席位也可以吸纳新来的分子。而这个席位一旦被占上，立刻创造了两个“三邻居席位”。如此一来，冰晶就得以长大一圈。

我们将用黑色表示冰晶内部分子，白色表示空缺的席位。我们还将重新设计状态切换规则，由此生成复杂的几何拼贴图案。

第一节　细胞定位

对正方形镶嵌，细胞在阵列中的序号可以用 x 脚标和 y 脚标来表示。对蜂窝镶嵌，我们想了一个办法：选择一个细胞作为坐标原点，它所在的行定义为 x 轴，在它的右边斜向下，定义为 y 轴。这样，蜂窝中的每个细胞与正方形密铺单元的坐标建立了一一对应的关系。细胞在阵列中的序位可以用两个脚标来表示了：它向正左方走去，直到遇到 y 轴，y 轴上的序号是多少，它的 y 脚标就是多少；它向左上方走去，直到遇到 x 轴，x 轴上的序号是多少，它的 x 脚标就是多少。

我们可以在这个阵列上用圆圈表示细胞。

```
floating len=9;
float gapx, gapy, xshift;
int nx = 40, ny = 40;
void setup() {
  translate (-70, -10);
   gapx = 2*len*sin(PI/3);
  gapy = len*1.5;
  xshift = len*sin(PI/3);
   for (int j=0; j<ny; j++) {
    for (int i=0; i<nx; i++) {
      float x = i*gapx + abs(j*xshift);
      float y = j*gapy;
      ellipse (x, y, len*1.5, len*1.5);
    }
  }
}
```

第二节　设定细胞状态

阵列上的细胞有些处于冰晶内部，有些处于冰晶外部。为了记录各个细胞是否位于晶核内部，我们将细胞创建为类。“是否处于晶体内部”是它的属性，除此之外，脚标和位置也可创建为其属性。

```
int nx=40, ny=40;
Tile[][] mol = new Tile[nx][ny];
void setup() {
 for (int j=0; j<ny; j++) {
   for (int i=0; i<nx; i++) {
     mol[i][j] = new Tile (i, j);
   }
 }
}
class Tile {
  int nox, noy;
  float x, y;
  boolean inFac = false;
  Tile (int nox_, int noy_) {
    nox = nox_;
    noy = noy_;
    x = nox*gapx + abs(noy*xshift);
    y = noy*gapy;
  }
}
```

我们可以直接在内码中申明哪些细胞位于冰晶内部。为了方便检查结果，我们想在运行窗口中，通过选择和单击来定义。这就需要找到鼠标正对准了哪个细胞。此前，我们通过瓦片的脚标求出了瓦片中心的坐标。现在我们对公式变形，即可找出光标位置附近的瓦片。随后，遍历所得脚标附近的 9 个瓦片，看看光标距离谁的中心小于晶格边长。当鼠标单击的时候，让它的状态发生一次翻转。代码如下：

```
void mousePressed() {
  int jNear = int(mouseY/gapy);
  int iNear = int((mouseX-abs(jN*xshift) )/gapx);
  for (int j=jNear-2; j<jNear+2; j++) {
    for (int i=iNear-2; i<iNear+2; i++) {
      float d = dist(mouseX,mouseY,mol[i][j].x,mol[i][j].y);
      if (d<len) mol[i][j].inFac = !mol[i][j].inFac;
    }
  }
}
```

第三节　翻转细胞状态

每个细胞有两种状态：黑和白。细胞在下一时刻的状态由当前时刻自己和邻居的状态决定。如果 6 个邻居之中，有 1 个、3 个或 5 个黑色细胞，则中心细胞将呈现黑色；如果邻居之中有 0 个、2 个或 4 个黑色细胞，则中心细胞将呈现白色；如果六个邻居都是黑色的，则中心细胞切换一次状态。用 1 表示黑色，0 表示白色，代码描述如下：

```
for (int i=1; i<nx-1; i++) {
  for (int j=1; j<ny-1; j++) {
    int sum = 0;
    if (temp[i][j-1].inFac != 0) sum++;
    if (temp[i+1][j-1].inFac != 0) sum++;
    if (temp[i-1][j].inFac != 0) sum++;
    if (temp[i+1][j].inFac != 0) sum++;
    if (temp[i-1][j+1].inFac != 0) sum++;
    if (temp[i][j+1].inFac != 0) sum++;
```

```
    if (sum % 2 == 1) mol[i][j].inFac = 1;
    else if (sum != 6) mol[i][j].inFac = 0;
    else mol[i][j].inFac = (temp[i][j].inFac+1)%2;
  }
}
```

在此规则下，一个黑色的细胞开始，经过数十次翻转，得到了类似刺绣和编织的图案（见图 6-2）。从两个黑色细胞出发，则得到了一条花纹腰带（见图 6-3）。

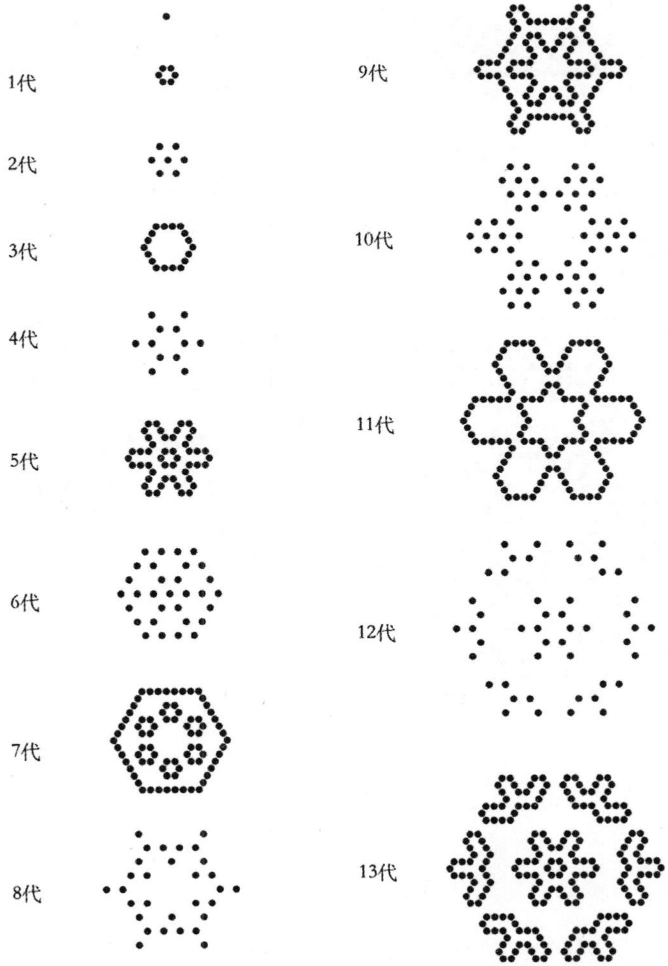

图 6-2　从一个黑色细胞开始，经过多次翻转的图案

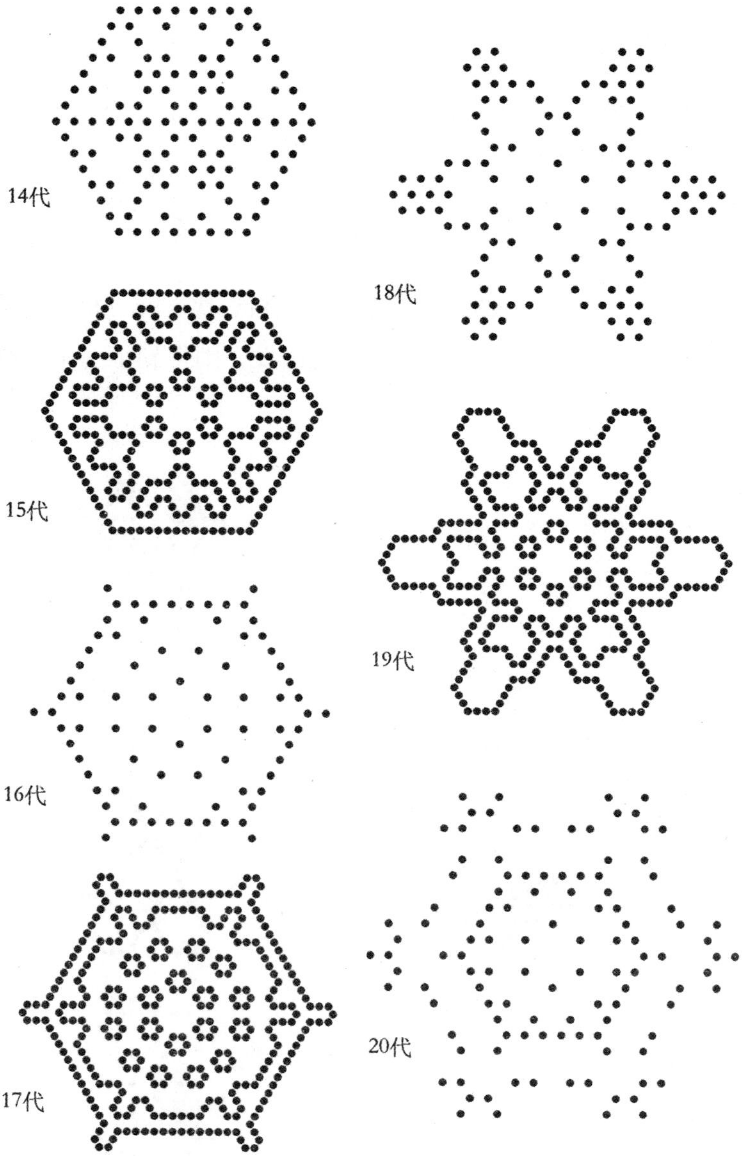

续图 6-2

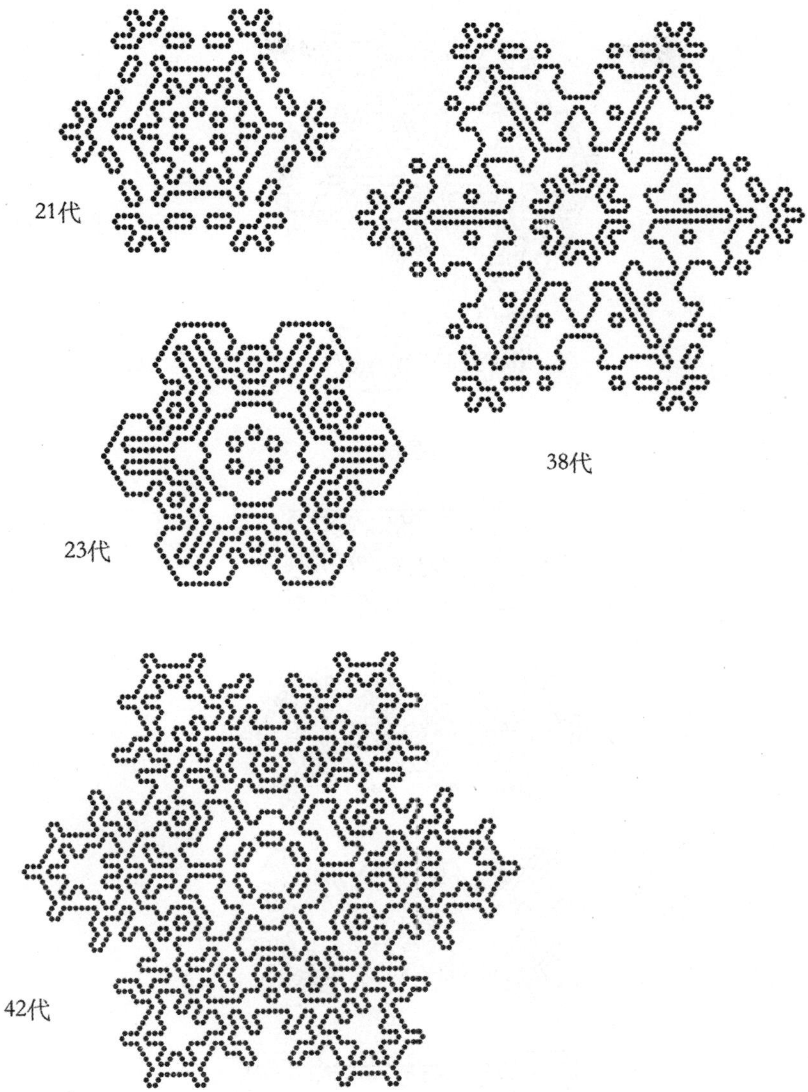

续图 6-2

续图 6-2

图 6-3　从两个黑色细胞开始，经过多次翻转的图案

第七章　进化

遗传算法从达尔文的进化论中获得启发，它模拟了生物的遗传和变异，用来从数量庞大的可能组合中筛选出接近目标的个体。使用演化法生成图案是人与计算机合作完成的。计算机负责繁育，就是通过遗传和变异，产生和亲代相似的子代图案；人则负责选择，凭借眼睛的偏好，从一组同胞图案中选拔下一代的母亲。

20 世纪 80 年代，英国生物学家道金斯用演化法生成过许多二叉树图案，他把分岔次数、新枝长度、分岔角度等变量设为图案的基因，每个图案的样子由 9 个基因决定。如果一个图案被选为母亲，它就会产生 9 个儿女。每个儿女都有 8 个基因和母亲一致，剩下的那个基因，其取值较母亲稍微增减。这些儿女发生变异的基因各不相同，因此它们的样子也各不相同。当全体儿女被显示在屏幕上时，道金斯就从中选出最喜欢的那个，让它再去“生儿女”。如此循环，得到了千姿百态的对称图案。

在第七章中，我们用演化法来生成一些类雪花图案。

所有的雪花都是六重对称，从中心放射出六片完全相同的花瓣。每片花瓣就像一棵小树，中间是主干，两侧生长出分枝，有的侧枝上还可以生出更小的分枝。枝干生长的过程中，随着环境温湿度变化，新形成的部分时而宽、时而窄。所以，世界上没有两朵完全相同的雪花。这近似于生物的多样性，让我们选择演化法来生成适应审美要求的个体。

第一节　绘制基准图案

先来绘制一个基准图案。

基准图案的绘制方法如下：尖端每生长一步，就在经过的位置画出点。点的大小和透明度由设计参数决定。如图 7-1 中的四个小图是生长 100 步的雪花，黑色的细线表示尖端的位置，对点的大小给出两个取值，对点的透明度也给出两个取值，两两组合获得了 4 个图案。

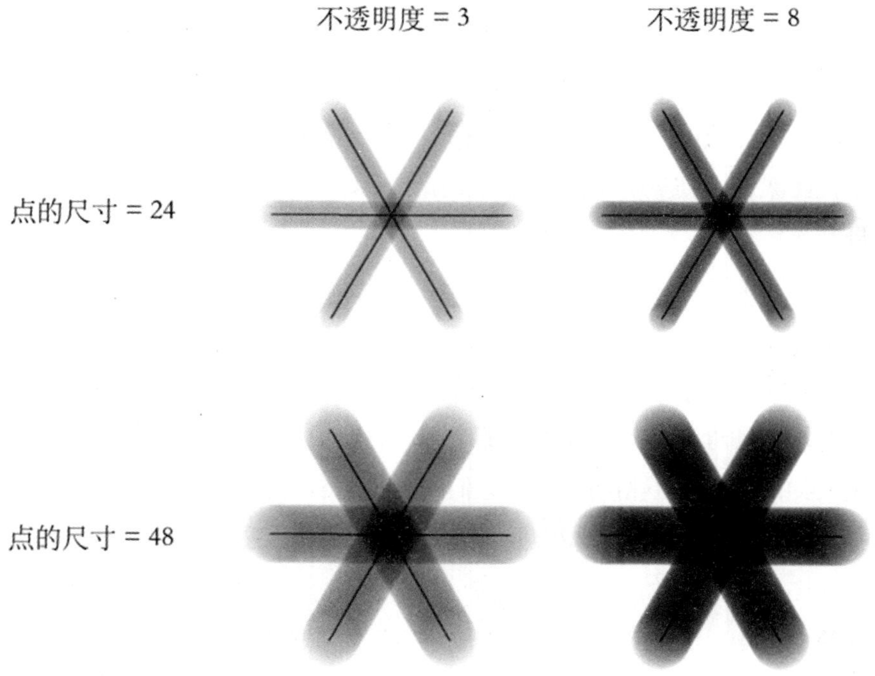

图 7-1　生长 100 步的基准图案

```
strokeWeight (sw);
stroke (cfront, cFill);
```

第二节　宽度变化

给基准图案引入的一个变化，是让点的尺寸随时间变化。如果希望尺寸的变化是柔和的，可以使用正弦函数。正弦函数的公式中有 4 个参数，分别对应正弦波的周期、振幅、最小值和起始相位。如图 7-2 是一个四个参数分都取 18 的图案，单独改变某一个参数，就会使图案发生一些变化。图 7-3 是所有参数全都变化之后的生成结果。

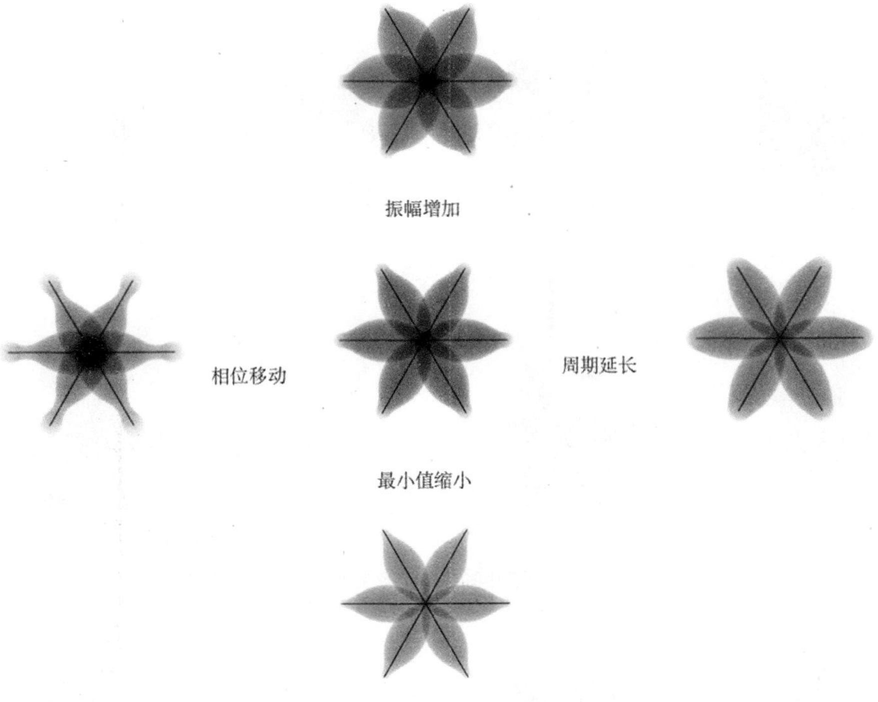

图 7-2　有四个参数可以确定一个正弦函数

Float dotD = float(geneAmp)*sin(i/float(geneT)+genePhase)+geneMin+geneAmp;

如果希望尺寸出现台阶式变化，则可以设置发生变化的节点和变化后的数值。如初始尺寸是 10，在第 10、40、70 步之后，尺寸分别变更为 50、10、40。对节点位置随机取值，得到了一组有相图案；对节点后的尺寸随机取值，也可以得到一组相似的图案。要确定一个枝干宽度变化 3 次的雪花形状，一共用到了 7 个参数。

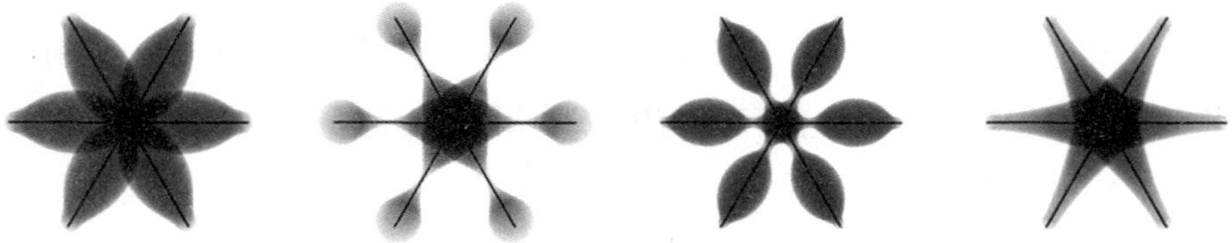

图 7-3　综合比变化生成的图案

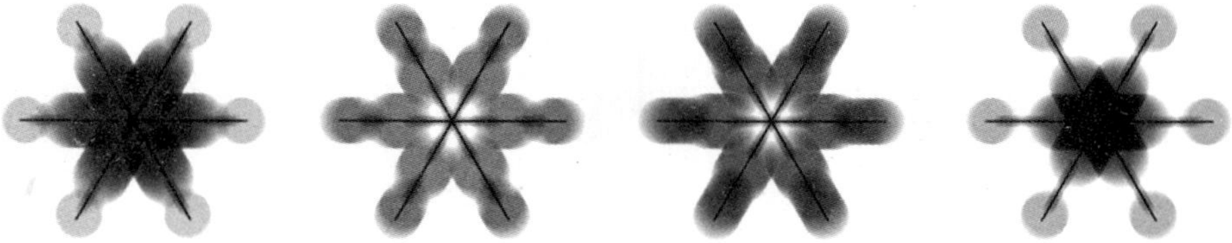

图 7-4　分段宽度相同而节点位置不同生成的图案

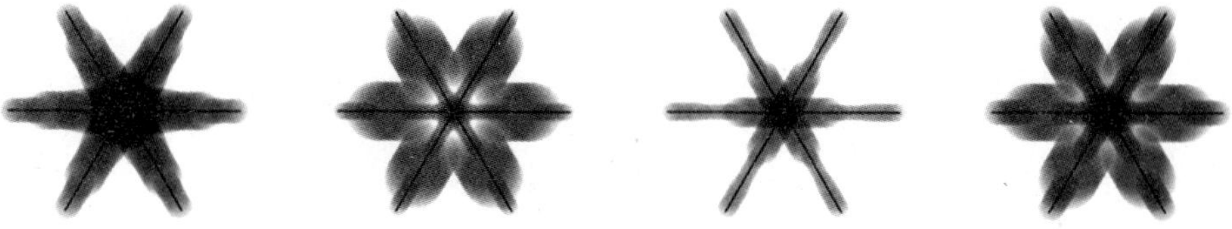

图 7-5　节点位置相同而分段宽度不同生成的图案

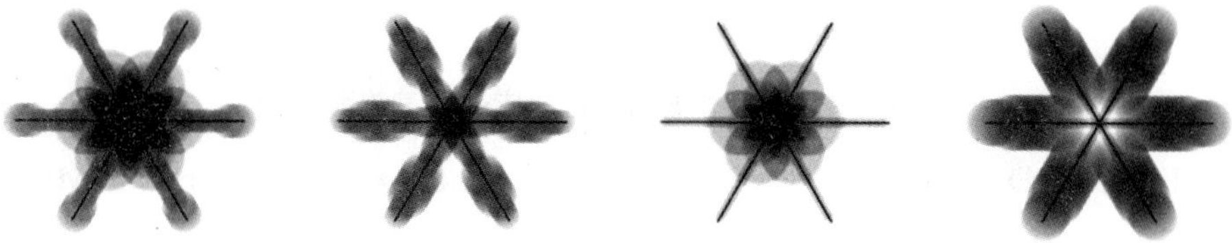

图 7-6　节点位置和分段宽度都不相同时生成的图案

第三节　枝干分岔

在一些节点，不是枝干的宽度发生了变化，而是发生了分岔。分岔在主干左右两侧产生了新的尖端，结果尖端数量成为原先的 3 倍。由于新的尖端也具有分岔能力，随着分岔次数的增加，尖端数量呈指数增长。分岔 3 次之后，最多产生了 108 个尖端，一些分枝和相邻的花瓣的分枝重叠起来。

侧枝生长到一定步数就不再生长了，分岔的位置和侧枝的寿命构成一对设计参数。每多一次分岔，就要多两个参数。例如，图 7-7 中这样一共分岔了 3 次的雪花，它们的形状是由 6 个参数决定的。

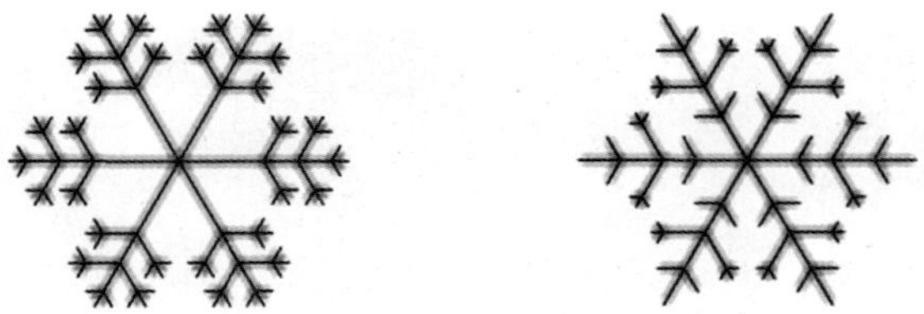

图 7-7　雪花的分岔

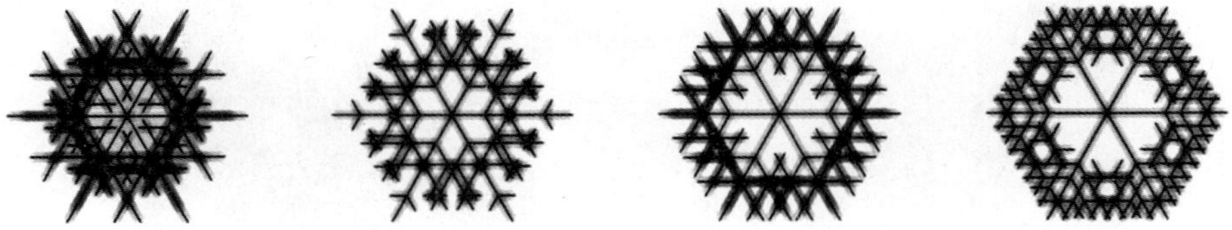

图 7-8　一些分枝和相邻花瓣的分枝重叠起来

用备用数组保存尖端数据的算法：（1）遍历 tip 数组，把所有 lifespan 大于 0 的保存到 temp 中；（2）更新 numTips；（3）从 temp 中把数据导回 tip，第一遍，完全复制；第二遍，产生侧枝数组。

第四节 定义基因

上述参数各自已经发展出了形态多样的雪花，如果把它们整合在一起，便产生更多的形态可能性。这些决定图案视觉呈现的参数，就像是决定生物性状的基因。

图 7-9 是由 40 个基因，在其变化区间内随机取值，生成的一些图案。我们让主干生长 180 步，这期间发生 5 次分岔，分岔的位置构成一组基因，分岔之后侧枝的寿命是另外一组基因。这 5 次分岔，将主干分为 6 段，每一段都有各自的透明度和宽度。透明度基因数组长度是 6，宽度取决于正弦函数的 4 个参数，每一套数组长度都是 6。

图 7-9　基因随机取值生成的雪花图片

第五节　遗传和选择

从随机生成的图案中选取想要的，就像是原始人的狩猎采集。大自然创造了什么，就只能获得什么。在现代文明中，有很多物种是经过人类驯化的。比如金鱼，金鱼的祖先是鲫鱼，人类开始养殖鲫鱼之后，总是保留那些尾巴最大的，它们把大尾巴的基因传递下去。经过一代代的人工选择，今天的观赏金鱼比它们的野生亲戚漂亮多了。

在随机生成的图案中，如果有一些特别让我们喜欢的，也可以把它的基因组保留下来，只对其中一个基因重新随机取值。这样，就会得到一个和原图非常接近的图案。这个图案就算是选中的图形的孩子。因为我们的雪花共有 40 个基因，对每个基因随机取值，又可以有很多值可以选取，所以，每个母亲都可以产生大量各不相同的孩子。在这些孩子中间，我们可以继续选择最漂亮的图案，让它来繁育众多子代。如此一来，我们就得到了一个图案的家谱。在这个家谱上，亲代和子代之间还比较接近，经过十几代变异，孩子和祖先就大相径庭了。

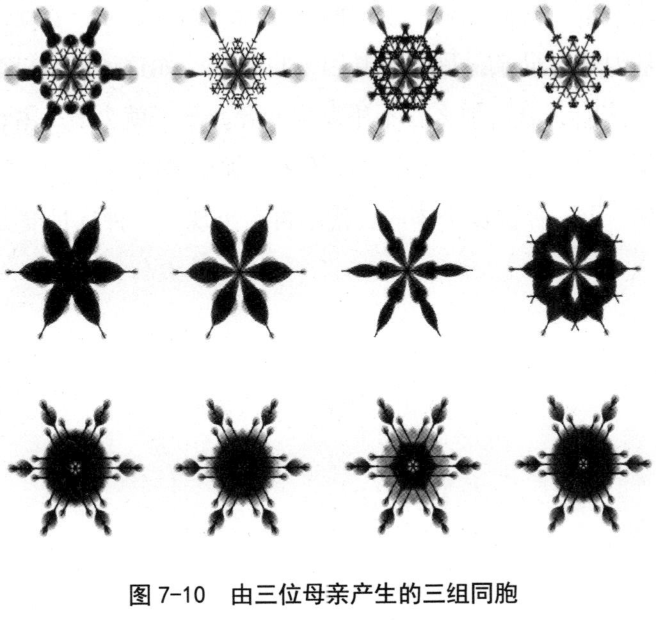

图 7-10　由三位母亲产生的三组同胞

第六节　演化法的扩展

如果我们要选出一种特定的图案，比如说，一棵卷心菜。那么最初的几次选择非常有效，选中的孩子总是比母亲更接近目标。但是经过一段时间，新的子女要超越母亲就越来越不容易了。为此，我们需要把变异率调得小一些。在此前的版本中，每一次繁衍，我们是随机选取一个基因，对它随机赋值。为缩小变异率，在新版本中，我们是对随机选到的基因，在原数值的基础上增减一个比较小的数。

最终我们把演化程序的交互操作设计成这样：单击选中的孩子，这个孩子就会升级成母亲，开始育种。育种的变异率与单击位置有关，单击位置越接近图案中心，变异率越小。

刚才我们模拟的是单性繁殖中的遗传。要产生不同的个体，必须发生基因突变。基因突变的变化需要调节，当亲代图案还不太满意时，允许基因在一个较大的范围内重新进行随机取值，或者在母亲的基础上增减一个比较大的数。如果亲代已经接近目标了，则可以缩小变异发生的幅度。例如，每个后代仅仅一个基因做少量的增减。

除了单性繁殖，我们还可以模拟两性繁殖。方法如下：在每一次生殖中，选择一半的基因来自母亲，另一半基因来自父亲，如这 40 个基因，有 20 个来自母亲，20 个来自父亲。那么，不用发生变异，孩子就会有一些像母亲，一些像父亲。用这种方法，可以让偶然出现的多个优良基因快速组合到一个个体中，而不用等待在一个一种优良个体的后代中再次出现另一种优良变异。

（a）位于祖先的一段家谱

（b）位于子孙辈分的一段家谱

图 7-11　位于祖先的家谱和位于子孙辈分的家谱

参考文献

[1] 孔令德．计算机图形学基础教程 Visual（C++ 版）[M]．北京：清华大学出版社，2008．

[2] 恩斯特·海克尔．自然界的艺术形态 [M]．张则定，编译．北京：北京大学出版社，2016．

[3] 菲利普·鲍尔．大自然的艺术与科学：图案密码 [M]．李祖凰，译．北京：电子工业出版社，2017．

[4] 特奥多·安德烈·库克．生命的曲线 [M]．周秋麟，戴聪腾，陈品健，译．长春：吉林人民出版社，2000．

[5] 皮尔斯·比卓尼．美丽新视界——我们前所未见的视觉极限．[M]．杨小山，译．长沙：湖南科学技术出版社，2012．

[6] 刘肖健．创意之代码：感性图像 [M]．杭州：浙江大学出版社，2014．

[7] 丹尼尔·希夫曼．代码本色：用编程模拟自然系统 [M]．周晗彬，译．北京：人民邮电出版社，2015．

[8] 理查德·道金斯．盲眼钟表匠 [M]．王道还，译．北京：中信出版社，2014．

[9] 凯文·凯利．失控 [M]．东西文库，译．北京：新星出版社，2010．

[10] 曼德布罗特．大自然的分形几何学 [M]．陈守吉，凌复华，译．上海：远东出版社，1998．

[11] 张昆，张松林．论生成艺术的性质及应用 [J]．计算机工程与应用，2006（20）．

[12] 郭开鹤．计算机生成艺术在图形世界中的意义 [J]．美术观察，2012（12）．

[13]Matt Pearson. Generative Art, a Practical Guide Using Processing[M]. NY：MANNING，2016.

[14]Kenneth Libbrecht. Field Guide to Snowflakes[M]. Minneapolis，MN：Voyaeur Press，2006.